Dr. Rainer Gill

Medizinische Fachkunde

für Medizinische Fachangestellte

Medizinische Fachkunde

für Medizinische Fachangestellte

Kompaktwissen zur Prüfungsvorbereitung
(1. – 3. Lehrjahr)

von Dr. Rainer Gill

Bibliografische Information der Deutschen Nationalbibliothek
Die Deutsche Nationalbibliothek verzeichnet diese Publikation in der Deutschen Nationalbibliografie; detaillierte bibliografische Daten sind im Internet über http://dnb.d-nb.de abrufbar.

Dr. Rainer Gill
Medizinische Fachkunde für Medizinische Fachangestellte
Kompaktwissen zur Prüfungsvorbereitung (1. – 3. Lehrjahr)

Berlin: Pro BUSINESS 2012

ISBN 978-3-86386-351-7

1. Auflage 2012

Produktion und Herstellung: Pro BUSINESS GmbH
Gedruckt auf alterungsbeständigem Papier
Printed in Germany
www.book-on-demand.de

Vorwort

Die Ausbildung zur/zum Medizinischen Fachangestellten dauert in der Regel 3 Jahre. Für die Schülerinnen und Schüler existiert ein breites und hervorragendes Angebot an Fachbüchern. Es war nicht meine Absicht, diesen noch ein weiteres hinzuzufügen. In meiner nun fast 20-jährigen Tätigkeit als ausbildender Lehrer an einer Berufschule, hat es sich allerdings als vorteilhaft erwiesen, das Wesentliche des Gelernten den Schülerinnen und Schülern nach jedem größeren Kapitel noch einmal in kompakter, übersichtlicher Form an die Hand zu geben.

Die Vorbereitung auf Schulaufgaben und Zwischen/Abschlussprüfung wurde wesentlich erleichtert und effektiver. So sind dreispaltige Wiederholungsblätter entstanden, aus denen sich das vorliegende Kompendium entwickelt hat.
Der dargebotene Stoff entspricht den Erfordernissen der Bayerischen Landesärztekammer. Die Gliederung orientiert sich an den Lernfeldern des Lehrplans der Berufschulen. Auch lernfeldübergreifende Themen wurden berücksichtigt.

Am besten nutzt man das vorliegende Büchlein zusammen mit den zahlreichen und guten Abbildungen in den Lehrbüchern, da ich bewusst auf eigene Bilder verzichtet habe.
So bleibt mir zum Schluss nur noch allen, die das Kompendium benutzen, viel Freude und vor allem Erfolg in den Prüfungen zu wünschen.

Anregungen und Kritik nehme ich natürlich sehr gerne entgegen.

Neuenmarkt im September 2012 — Dr. Rainer Gill

Inhaltsverzeichnis:

Lernfeld 3

Praxishygiene und Schutz vor Infektionskrankheiten organisieren

Zytologie

Definition Zelle:	Baustein von Geweben und Organen.	Kleinste selbständig lebensfähige Einheit des Körpers.
Eigenschaften des Lebens:	1. Sie ist vermehrungsfähig 2. Sie ist zur Vererbung fähig. 3. Sie besitzt einen Stoffwechsel. 4. Sie ist reizbar. 5. Sie kann sich bewegen.	
Aufbau der Zelle:	**1. Zellkern (Nucleus):**	▪ Kernsaft ▪ Kerngerüst (Chromatin) ▪ Kernkörperchen (Nucleolus) ▪ Kernmembran
	Das Chromatin enthält die **Chromosomen (DNS)**	2x22 Autosomen + 2 Geschlechtschromosomen: XX = weiblich XY= männlich. (Insgesamt 46)
	Der **Nucleolus** enthält:	Boten-RNA . Sie überträgt die genetische Information von der DNS auf die **Ribosomen**, in denen die Eiweiß-Synthese stattfindet!
	2. Zelleib:	**Zytoplasma** (Salzlösung , Eiweiße,Enzyme,Kalium) + **Zellmembran**
	3. Zellorganellen:	
	Edoplasmatisches Reticulum: = kanalartiges Netzwerk von Röhren	Glattes ER und raues ER(mit Ribosomen) Stofftransport, Entgiftung, Eiweiß- Synthese
	Golgi – Apparat (Diktyosom)	Bildung und Transport von Sekreten, Ausscheidung
	Mitochondrien:	Kraftwerke der Zelle. Es entsteht ATP und Wärme
	Lysosomen:	Verdauungssystem.(Enzyme)
	Zentriolen:	Zellteilung!
Die Zellteilung (Mitose):	**1. Prophase:**	▪ Kernmembran verschwindet

		▪ Chromosomen erscheinen ▪ Zentralspindel
	2. Metaphase:	Chromosomen ordnen sich in der Zellmitte sternförmig an und erscheinen gespalten.
	3. Anaphase:	Chromsomenhälften wandern auseinander.
	4. Telophase:	Zweiteilung der Mutterzelle.
Meiose =Reduktionsteilung:	Besondere Form der Zellteilung, die nur bei Geschlechtszellen auftritt	Der Chromosomensatz wird dabei halbiert! Eizelle und Samenzelle haben nur 23 Chromosomen (haploid)
Bewegungsformen der Zelle:	1. Amöboide Bewegung 2. Flimmerbewegung 3. Muskelkontraktion	
Stoffwechsel der Zelle:	▪ Baustoffwechsel:	Nahrungsbestandteile werden zum Aufbau körpereigener Zellbestandteile verwendet.
	▪ Betriebsstoffwechsel:	Liefert die Energie für den Baustoffwechsel. Verbrennung der Nahrungsbestandteile zu H_2O und $CO_2 + E$
Stoffaufnahme u. Stoffabgabe:	**1. Phagozytose:**	Aufnahme fester Teilchen in die Zelle
	2. Sekretion:	Stoffabgabe nach außen
	3. Resorption:	Aufnahme von gelösten Stoffen von außen
<u>Begriffserklärungen:</u>	**Wachstum**	Neubildung und Vergrößerung von Körperzellen (Vermehrung der Zellzahl)
	Regeneration	Ersatz verlorengegangener Zellen
	Hypertrophie	Organvergrößerung durch Größenzunahme der Zellen
	Hyperplasie	Organvergrößerung durch Zellvermehrung
	Atrophie	Verringerung von Zellzahl und Zellgröße (z.B. Inaktivitätsatrophie)
	Hypoplasie	Unterentwicklung eines Organs und dessen Leistung
	Aplasie	Vollständiges Fehlen, fehlende Ausbildung eines Organs
	Nekrose	Vollständiger Untergang eines Gewebes (Gewebetod)

Histologie

Gewebe =	Verband gleichartiger Zellen, die gemeinsame Aufgaben erfüllen	Mehrere Gewebe bilden ein **Organ** , das zusätzlich von Nerven und Gefäßen versorgt wird. Das organspezifische Gewebe heißt **Parenchym.**
Einteilung in:	1. Epithelgewebe 2. Binde- und Stützgewebe 3. Muskelgewebe 4. Nervengewebe	
1. Epithelgewebe:	Aufgabe: ▪ Schutz gegenüber der Umwelt ▪ Verbinden mit der Umwelt durch: ▪ Reizaufnahme ▪ Stoffaufnahme/abgabe	Epidermis, Schleimhaut Sinnesepithelien = Resorption/Sekretion
	Unterscheidung in:	▪ Oberflächen bedeckendes Epithel ▪ Drüsenepithel ▪ Sinnesepithel
	Oberflächen bedeckendes Epithel:	
	▪ Einschichtiges Plattenepithel: Gut durchlässig für Gase und lösliche Stoffe!!	Alveolen, Endokard, Gefäßendothel, Pleura, Perikard, Peritoneum, Synovialis.
	▪ Mehrschichtiges unverhorntes Plattenepithel: Zellmauserung in der untersten Schicht.	Vorkommen: ▪ Mundhöhle ▪ Ösophagus ▪ Cornea ▪ Anus ▪ Vagina ▪ Glans penis ▪ Conjunctiven
	▪ Mehrschichtiges verhorntes Plattenepithel: Zellen wandern zur Oberfläche und sterben ab.	= **Verhornungsprozess**! Bildung von Hornschuppen durch **Vitamin A** gesteuert!

	Vorkommen:	Haut
	▪ <u>Prismatische Epithelien:</u>	▪ Das kubische Epithel ▪ Das Zylinderepithel
	<u>Aufgaben:</u>	
	▪ Resorption: Vorkommen:	Epithelien sind einschichtig und begünstigen den Stoffaustausch. Sie enthalten viele Mitochondrien. Auf der Zelloberfläche befinden sich **Mikrovilli** (= Bürstensaum) Darm. Nieren
	▪ Sekretion:	Sezernierende prismatische Epithelien treten im Verband der Zylinderepithelien von Darm, Gallenblase u. Atemwege auf. = schleimbildende **Becherzellen.**
	▪ Erzeugung von Oberflächenbewegung	= **Flimmerepithel** Zellen tragen Kinozilien. Vorkommen in Atemwegen, Eileiter.
	▪ <u>Übergangsepithel:</u>	Mehrreiiges Epithel mit **Deckzellen** Vorkommen nur in ableitenden Harnwegen!!
	Drüsenepithel:	
	Drüsen =	Organe mit Sekret produzierenden Epithelien
	Sekret =	Enzym- oder Hormon-haltige Körperflüssigkeit.
	<u>Exokrine Drüsen:</u>	Sekret über Ausführungsgang nach außen. z.B.: Tränen- Schweiß- Talgdrüsen
	<u>Endokrine Drüsen:</u>	Sekret direkt an das Blut. z.B.: Schilddrüse, Hypophyse, Nebenniere.
2. Binde – und Stützgewebe: (BG)	Anteil am Aufbau sämtlicher Organe:	Grundgewebe der Organe = Stroma, Organsepten, Kapseln
	<u>Es dient:</u> ▪ Dem Stoffwechsel ▪ Der Speicherung ▪ Dem Wasserhaushalt ▪ Der Abwehr	 Nährstoffverteilung, Fett, Kalorien,

	▪ Stütz – und Bindefunktion	Stroma, Bänder, Sehnen
	2.1. Das retikuläre BG: Sonderform aus dem embryonalen BG. Besteht aus: Vorkommen: **Lymphatische Organe:**	Gehört zum sog. **RES = Retikulo – endotheliales System.** ▪ **Retikulumzellen** (Phagozytose) ▪ **Retikulumfasern** ▪ **BG-grundsubstanz** ▪ **Freibewegliche Zellen:** Leukozyten, Lymphozyten Plasmazellen.. Milz, LK, Thymus, Tonsillen, Knochenmark, Lymphfollikel der Darmwand.
	2.2. Fettgewebe:	Besondere Speicherform des retikulären BG.
	Aufgaben:	▪ Mechanische Funktion (Polsterung) = Baufett! ▪ Energiespeicher ▪ Wärmeschutz ▪ Wasserhaushalt
	2.3. Das eigentliche BG: Es besteht aus: ▪ Ruhende Bindegewebszelle: ▪ Grundsubstanz ▪ Bindegewebsfasern	**Fibrozyt**
	Die **Grundsubstanz** besteht aus: Sie bindet Wasser und dient dem Stoffaustausch.	▪ Flüssigkeit: Wasser, Salze, Proteine, Zucker, Hormone ▪ Schleimsubstanzen = sog. Mucopolysaccharide
	Bindegewebsfasern: 1. Kollagenfasern: 2. Elastische Fasern:	 Undehnbar! Wird beim Kochen zu Gelatine. Stark dehnbar (bis 150% der Länge).

	<u>Unterscheidung des BG in:</u> ▪ **Lockeres, faserarmes BG:** ▪ **Straffes, faserreiches BG:**	Bildet das Grundgerüst der Organe = **Stroma.** Begleitet Gefäße und Nerven. Kollagenfasern verlaufen in Bündeln. z.B. in Sehnen, Bändern, Kapseln, Muskelfaszien.
	2.4. Das Knorpelgewebe:	
	<u>Aufbau des Knorpels:</u> 1. Knorpelzellen = 2. Grundsubstanz 3. Fasern	 **Chondrozyten**
	<u>Unterscheidung in:</u>	
	1. Hyaliner Knorpel: Vorkommen:	▪ Bläulich ▪ Fasern nicht sichtbar ▪ Zellen in kleinen Haufen Gelenke, Rippenbogen, Nase, Trachea, Larynx, Bronchien
	2. Elastischer Knorpel: Vorkommen:	▪ Enthält zusätzlich elastische Fasernetze ▪ Gelblich Epiglottis, Ohr, kleine Bronchien
	3. Faserknorpel: Vorkommen:	▪ Kollagenfasern überwiegen ▪ Wenig Zellen Bandscheibe, Symphyse, Menisken.
	2.5. Knochengewebe:	
	<u>Knochenbildung:</u>	
	1. Desmale Ossifikation:	Direkt aus Bindegewebe z.B. Gehirnschädel
	2. Chondrale Ossifikation:	Aus Knorpel (Skelett)
	<u>Makroskopischer Aufbau:</u>	▪ Diaphyse ▪ Epiphysen ▪ Metaphysen ▪ Markhöhle ▪ Periost

	Wir unterscheiden:	▪ **Substantia compacta** ▪ **Substantia spongiosa**
	Feinbau der Substantia compacta: Kleinste Baueinheit ist das **Osteon** (Haversches System): **Osteozyten:**	Zentrales Blutgefäß **(Haversches Gefäß)** Darum herum lamellenartig angeordnete Knochenschichten **(Lamellenknochen)** ▪ Osteoblasten (Aufbau) ▪ Osteoklasten. (Abbau)
	Regeneration:	Ständiger Auf - und Abbau! Nach Bruch Neubildung aus dem BG des Periost = **Callus.**
3. Muskelgewebe:	**1. Glatte Muskulatur:**	▪ Muskelzelle ist spindelförmig, enthält gebündelte **Myofibrillen** die die Kontraktion ermöglichen. ▪ Besitzt keine Querstreifung! ▪ Vorkommen in der Wand von Hohlorganen, Gefäßen Eingeweideschläuchen ▪ Erregung durch das autonome Nervensystem. ▪ **Muskelfasern** = Bündel gleichlaufender Muskelzellen!
	2. Quergestreifte Muskulatur: Kleinste Baueinheit ist die **Muskelfaser = Muskelzelle:**	Langer Zytoplasmaschlauch mit vielen randständigen Zellkernen. **Myofibrillen** liegen in Gruppen zusammen (Felderung) Muskelfasern lagern sich zu **Primärbündeln** zusammen. Der Gesamtmuskel besteht aus vielen Primärbündeln.

	<u>Aufbau der Myofibrillen</u> (Querstreifung!!):	▪ **Aktin** ▪ **Myosin** Greifen fingerförmig ineinander. Bei der Kontraktion schieben sich die Eiweißfäden noch weiter ineinander. ▪ **Sarkomer** = Abschnitt zwischen zwei Z-Streifen der Muskelfibrille.
	4. Herzmuskulatur: = Sonderform der quergestreiften Muskulatur.	▪ Muskelfasern bilden ein Geflecht ▪ (Verzweigungen) ▪ Kern liegt zentral ▪ Reich an Mitochondrien ▪ Erregung durch autonomes NS
4. Nervengewebe:	Besteht aus 2 Milliarden Neuronen. **Aufbau eines Neurons:** **Neurit = Axon + Schwann`sche Zelle = Nervenfaser:**	 ▪ Zellkörper ▪ Dendriten ▪ Axon Das Axon wird von Hüllzellen den sog. **Schwann`schen Zellen** umgeben. Dazwischen liegt die **Myelin- oder Markscheide** .Sie dient der Isolation und ist alle 1,5 mm an den sog. **Ranvierschen Schnürringen** unterbrochen.
	Synapse =	Verbindungsstelle zweier Neurone.
	Motorische Endplatte = (neuromuskuläre Synapse)	Verbindung Neuron – Muskel
	<u>Wir unterscheiden:</u> 1. Markhaltige Nervenfasern:	 Hohe Leitungsgeschwindigkeit durch springende Erregung von Schnürring zu Schnürring. Vorkommen im animalischen Nervensystem.

	2. Marklose Nervenfasern:	Langsame Leitungsgeschwindigkeit. Vegetatives Nervensystem.
	Erregungsübertragung an den Synapsen:	Überträgerstoffe sog **Neurotransmitter:** ▪ Acetylcholin ▪ Dopamin ▪ Noradrenalin
	Nervenbindegewebe:	**Glia:** liegt zwischen den Nervenzellen, dient der ▪ Isolierung ▪ Abwehrfunktion ▪ Stützfunktion ▪ Bildet Narbengewebe nach Verletzungen.

Allgemeine Pathologie

Pathologie:	= Krankheitslehre	
Jede Krankheit hat:	▪ Eine Bezeichnung (Name) ▪ Eine Ursache ▪ Eine Entstehung und Entwicklung des Krankheitsgeschehens ▪ Krankheitszeichen ▪ Einen voraussichtlichen Verlauf (Heilungsaussicht) ▪ evtl. erneutes Auftreten der Erkrankung	= **Diagnose** = **Ätiologie** = **Pathogenese** = **Symptome** **Syndrom** = Symptomenkomplex = Krankheitsbild mit mehreren charakteristischen Symptomen = **Prognose** = **Rezidiv**
Krankheitsursachen:		
1. Innere Ursachen:		
a) Erbkrankheiten:	▪ **Trisomie 21 (Mongolismus)**	= Down-Syndrom: geistige Behinderung, das Chromosom 21 ist drei mal vorhanden.
	▪ **Mißbildungen:**	Hüftgelenksdysplasie Lippen-Kiefer-Gaumenspalte
	▪ **Hämophilie**	**A** (Faktor 8 – Mangel) **B** (Faktor 9 – Mangel) Vererbung rezessiv x-chromosomal! Nur Knaben erkranken! Frauen sind Überträger (Konduktorin)
	▪ **Stoffwechselkrankheiten**	z.B. Diabetes, Hypercholesterinämie
b) Krankheitsdisposition:	▪ Krankheitsanfälligkeit hervorgerufen durch innere Faktoren, die alleine eine Erkrankung nicht verursachen, jedoch begünstigen.	▪ Erbliche Disposition ▪ Geschlechtsdisposition ▪ Altersdisposition ▪ Rassendisposition ▪ Erworbene Disposition
2. Äußere Ursachen:	1. Mechanische Ursachen (Trauma) 2. Strahlung (Kälte, Hitze, Strom, Rö-Strahlen, UV-Strahlen)	

	3. Mikroorganismen, Parasiten 4. Ernährungsverhalten 5. Allergien	
	6. Vergiftungen 7. Umweltbelastungen 8. Berufsbelastungen 9. Soziale Konflikte 10. Medikamente	
Krankheitssymptome:	▪ **Unspezifische,** allgemeine: ▪ **Spezifische:** ▪ **Objektive:** ▪ **Subjektive:**	Weisen nicht auf eine bestimmte Erkrankung hin z.B.: Fieber, Schmerzen, Appetitlosigkeit etc. Kennzeichnend für eine best. Krankheit .z,B. Himbeerzunge bei Scharlach Vom Untersucher feststellbar z.B.: Ekzem, Entzündung Empfindungen des Patienten z.B.: Schmerzen
Krankheitsverlauf:	▪ Akut, perakut, subakut ▪ Fulminant ▪ Chronisch, chronisch rezidivierend ▪ Heilung (Rekonvaleszenz) ▪ Defektheilung ▪ Sekundärerkrankung ▪ Rezidiv ▪ Tod	
Die Entzündung:	Allgemeine Abwehrreaktion des Körpers auf verschiedene Schädigungen (Noxen)	
	Zweck:	▪ Eingrenzung der Gefahr und Schutz des übrigen Körpers ▪ Beseitigung aufgetretener Schäden
	Ursachen:	▪ Mikroorganismen ▪ Physikalisch-chemische Faktoren ▪ Innere Faktoren
	Kardinalsymptome:	▪ **Dolor** = Schmerz ▪ **Tumor** = Schwellung ▪ **Rubor =** Rötung = Hauptsymptom ▪ **Calor =** Überwärmung ▪ **Functio laesa =** gestörte Funktion

	Allgemeinsymptome:	▪ Fieber ▪ Krankheitsgefühl ▪ Leistungsschwäche ▪ Tachycardie ▪ Leukozytose ▪ Erhöhte BKS
	Entzündungsformen:	
	1. Lokale E.	
	2. Generalisierte E.	= systemische E. = **Sepsis**
	3. **Seröse Entzündung:**	Bildung einer eiweißreichen Flüssigkeit = Exsudat. Siehe Abbildung Lehrbuch! z.B.: ▪ Quaddelbildung der Haut (**Urticaria**) ▪ Bei Verbrennungen ▪ Bei Rhinitis (Schnupfen) ▪ Pleuraerguß bei Pleuritis
	4. **Eitrige Entzündung:** (Häufigste Ursache sind Bakterien)	Eiter = Zelltrümmer, Gewebsreste, zugrundegegangenee Leukozyten.
	5. Akute und chronische E.	Chronisch z.B.: - Tbc, Hepatitis B, Colitis.
Die Verbrennungskrankheit	Gewebeschädigung durch Hitzeeinwirkung.	
4 Schweregrade:	**Grad 1:**	**Rötung,** Schwellung, Schmerz, Spontanheilung ohne Narbe
	Grad 2:	Zusätzlich **Blasenbildung**
	Grad 3:	**Nekrose** = tiefe Gewebszerstörung. Narbenbildung.
	Grad 4:	**Verkohlung**
Neunerregel:	Abschätzung der Flächenausdehnung der Verbrennung	Siehe Abbildung
Die Erfrierung:	**Grad 1:**	Blässe gefolgt von Rötung
	Grad 2:	Blasenbildung
	Grad 3:	Nekrose
Die Verätzung:	1. Durch **Säuren:**	Oberflächliche **Koagulationsnekrose**
	2. Durch **Laugen:**	Tiefe **Kolliquationsnekrose**
Entartete Gewebe:	**Tumor** =Geschwulst	= jede umschriebene Schwellung von Körpergewebe
	Neoplasie = Neubildung von Körpergewebe	Unterscheidung in **benigne** (gutartige) und **maligne** (bösartige) Tumoren.

Einteilung der Geschwülste nach der embryologischen Abstammung der betroffenen Gewebe:		
A) Mesenchymale Tumoren	Aus dem Mesoderm hervorgehend.	
1. Gutartige mesenchymale Tumoren:		
	▪ **Fibrom**	Gutartige Bindegewebsgeschwulst
	▪ **Lipom**	Gutartige Fettgeschwulst
	▪ **Chondrom**	Gutartige Geschwulst aus Knorpelgewebe
	▪ **Myom**	Gutartiger Tumor aus Muskelgewebe
2. Bösartige mesenchymale Tumoren:	**Sarkome** = bösartige Tumoren des Binde – und Stützgewebes	z.B.: **Osteosarkom Fibrosarkom, Liposarkom**
B) Epitheliale Tumoren	Aus dem Ekto- oder Entoderm hervorgehend	
1.Gutartige epitheliale Tumoren:	**Adenome:** Von Drüsenepithel ausgehend	z.B. die Darmpolypen. Bösartige Entartung möglich!
	Papillome: Von nichtdrüsigem Gewebe der Haut oder Schleimhaut ausgehend	z.B.: Warzen
2. Bösartige epitheliale Tumoren:	**= Karzinome:** ▪ Plattenepithelkarzinom	z.B. Bronchial-Ca
	▪ Adenokarzinom	z.B. Brustkrebs, Endometrium-Ca, Magen-Darm - Ca..
C) Keimzelltumoren	Entwickeln sich aus embryonalen Zellen oder unreifen Keimzellen bevorzugt in den Geschlechtsorganen	z.B. **Teratom**
Eigenschaften von Tumoren:	**Benigner Tumor:**	**Maligner Tumor:**
	▪ Verdrängendes Wachstum	▪ Invasives Wachstum
	▪ Scharf begrenzt	▪ Unscharf begrenzt
	▪ Kein Einbruch in Gefäße	▪ Einbruch in Gefäße
	▪ Keine Metastasen	▪ Metastasierung
Ursachen der Tumorbildung:	▪ **Genetische Faktoren:**	▪ z.B.: Mamma-Ca, Darmpolypen

	▪ **Einfluß der Ernährung:**	z.B. erhöhen Vitamin und ballaststoffarme Kost das Risiko für Darmkrebs.
	▪ **Chemische Karzinogene:**	⇒ **Zigarettenrauch!!** ⇒ Polyzyklische Kohlenwasserstoffe wie z.B. das beim Grillen freiwerdende **Benzpyron** ⇒ **Nitrosamine** entstehen durch Bindung von Nahrungsproteinen an das Stickstoffsalz Nitrit ⇒ Verschiedene **Metalle**: Cadmium, Arsen, Chrom, Asbestfasern.
	▪ **Röntgen , radioaktive oder UV- Strahlung:**	Leukämie, Hautkrebs
	▪ **Viren:**	▪ Hepatitis-B-Virus- (Hepatozelluläres Ca) ▪ Humanes Papilloma – Virus (Zervix-Ca)
Tumortherapie:	**1. Kurative Therapie:**	▪ Operation ▪ Bestrahlung ▪ Chemotherapie ▪ Hormontherapie Häufig kombiniert.
	2. Palliative Therapie:	Zur Besserung der Symptome bzw. der Beschwerden, wenn eine kurative Behandlung nicht möglich.
	3. Adjuvante Therapie:	Ziel: Rezidiv oder Metastasierung zu verhindern.. Ergänzend zur kurativen Beh. z.B. Immuntherapie oder sog. Außenseitermethoden.

Das Blut

Zusammensetzung:	1. Blutplasma = flüssiger Anteil 2. Blutzellen	Ca. 8% des Körpergewichts. Ein 70 kg schwerer Mensch besitzt ungefähr 5,6 l Blut!
	Hämatokrit:	Volumenanteil der Zellen am Gesamtvolumen in Prozent
	Norm: Mann: Frau:	46% 42%
	1 Liter Blut enthält beim Mann:	0,46 l Blutzellen.
Aufgaben des Blutes:	**1. Transport von:**	▪ O_2 u. CO_2 ▪ Nährstoffe: Kohlenhydrate, Fette, Proteine ▪ Abbauprodukte des Stoffwechsels: Harnstoff, Harnsäure, Kreatinin = harnpflichtige Substanzen. ▪ Wärme.
	2. Signalübermittlung:	Durch Hormone
	3. Blutstillung/Blut-gerinnung:	Thrombozyten, Gerinnungsfaktoren.
	4. Konstanthaltung bestimmter physikalisch – chemischer Werte:	▪ Elektrolyte = Wasser-Salzhaushalt ▪ Blutzuckerspiegel ▪ ph-Wert (Pufferfunktion) ▪ osmotisch/onkotischer Druck. (Wasserbindungs-vermögen)
	5. Abwehrfunktion:	Leukozyten, Gamma-Globuline.
Blutzellen:	**1. Erythrozyten**	Rote Blutkörperchen
	2. Leukozyten	Weiße Blutkörperchen
	3. Thrombozyten	Blutplättchen
Erythrozyten:	Kernlose bikonkave Scheibe (ca. 2x7,5 Mikrometer), stark verformbar.	Norm: 4,5-5 Mill./mm^3

	Bildung im:	Knochenmark aus kernhaltigen Vorstufen **(Stammzellen)**. Die jüngsten Erys im Blut (1%) heißen **Retikulozyten.**
	Lebensdauer:	120 Tage
	Abbau in:	Milz, Leber
	Hämolyse =	Austritt von Hämoglobin bei der Zerstörung von Erythrozyten.
	Aufgabe:	
	1. **O_2 – Transport** Hämoglobin (Hb): Normalwert: Beim Abbau entstehen: 2. **CO_2 – Transport**	Von der Lunge zu den Organen Roter Blutfarbstoff. Bindet den Sauerstoff (Besteht aus Eiweiß = globin und Eisen = häm) 12 – 16 g/100ml(bzw. g%) bei der Frau 14 – 18g/100ml beim Mann. Gallenfarbstoffe (**Bilirubin).** Das frei werdende Eisen wird gespeichert und erneut verwendet. Von den Organen zur Lunge
Leukozyten:	Normalwerte:	4.5 – 9000/mm³
	Leukopenie:	< 4000/mm³
	Leukozytose:	>10000/mm³
	Leukozyten sind kernhaltig. Wir unterscheiden:	▪ Stabkernige L. = Jugendformen ▪ Segmentkernige L. = reife Formen.
	Sog. Linksverschiebung:	Vermehrtes Auftreten von stabkernigen Leukozyten im Blutausstrich.
Wir unterscheiden:	Unterscheidung nach dem färberischen Verhalten:	
1. Granulozyten:	▪ Neutrophile G. ▪ Eosinophile G ▪ Basophile G	- Neutraler - Sauerer - Basischer Farbstoff.
	Bildung im:	Knochenmark
	Lebensdauer:	6 – 10 Tage
	Neutrophile G. :	▪ Fähigkeit zur amöboiden Beweglichkeit! ▪ und zur **Phagozytose!!** = Kleine Freßzelle.

	Bei Entzündungsprozessen vermehrt	Nach der Phagozytose gehen die Leukozyten zugrunde, es entsteht Eiter.
	Eosinophile G.:	▪ Phagozytose von Antigen – Antikörperkomplexen. ▪ Begrenzung allergischer Reaktionen durch Beseitigung überschüssigen Histamin
	Erhöht bei:	▪ Allerg. Erkrankungen (Asthma, Heuschnupfen) ▪ Ekzem ▪ Parasitenbefall (Würmer) ▪ Malignome
	Basophile G.:	= Blutmastzellen. Enthalten Histamin (Gewebshormon, löst allerg. Sofortreaktionen aus.) und Heparin. (hemmt die Blutgerinnung)
2. Monozyten:	= Große Freßzellen	= **Makrophagen** (4-5%)
3. Lymphozyten:	Bildung im:	KM und lymphatischen Organen. (20-40%)
	Lebensdauer:	Monate bis Jahre
	Gehören zum Spezifischen Abwehrsystem des Körpers.	
	Wir unterscheiden: **1. T – Lymphozyten:**	 Ausreifung im Thymus, Träger der zellgebundenen Abwehr!
	2. B – Lymphozyten:	Ausreifung in den lymphatischen Organen, Träger der humoralen Abwehr. Aus ihnen entwickeln sich die **Plasmazellen**, die die Antikörper (= Immunglobuline) produzieren!
Thrombozyten	= Blutplättchen	
	Bildung im:	KM aus Riesenzellen = **Megakaryozyten.**
	Norm:	$150000\text{-}450000/mm^3$
	Lebensdauer:	10 Tage
	Aufgabe:	Wichtige Rolle bei Blutstillung und Gerinnung.

Das Blutplasma:	90% Wasser + gelöste Stoffe:	▪ Salze (Elektrolyte) ▪ Nährstoffe ▪ Enzyme, Hormone ▪ Stoffwechselprodukte ▪ Gerinnungsfaktoren ▪ Plasmaproteine
	Plasma – Fibrinogen = Serum!	
	Plasmaproteine:	Ca. 7g%. Gemisch verschiedener Eiweiße. **Elektrophorese** = Trennung der Proteine im elektrischen Feld.
	1. Albumine:	▪ Hohes Wasserbindungsvermögen (onkotischer Druck) ▪ Konstanthaltung des Flüssigkeitsvolumens im Blut ▪ Stofftransport z.B. Medikamente, Fette, Hormone (Albuminbindung)
	2. Globuline:	Alpha -, Beta -, Gamma-Globuline. ▪ Stofftransport ▪ Abwehrfunktion: **Humorale Antikörper = Immunglobuline = Gamma-Globuline!**
Blutstillung/Blutge-rinnung:	**Blutstillung (Hämostase) =**	Verschluß eines verletzten Blutgefäßes durch einen festen Blutplättchenpfropf.
	Blutungszeit:	Zeitspanne zwischen Verletzung und Stillstand der Blutung. (2-4 Min.)
	Gerinnungszeit:	Zeitspanne bis zur endgültigen Blutstillung durch festen Blutpfropf (8-10 Min.)
Phasen der Blutstillung:	1. Gefäßverengung (Vasokonstriktion) 2. Anlagerung (Adhäsion) von Thrombozyten an „fremde“ Oberfläche. Bildung eines reversiblen Plättchenpfropfes.	 Gleichzeitige Aktivierung des Gerinnungssystems:

	3. Bildung eines Blutgerinnsels (irreversible Pfropfbildung)	Umwandlung von **Fibrinogen** in **Fibrin** durch **Thrombin**! Fibrin +Blutzellen = Thrombus. **Ohne Calcium keine Gerinnung!!**
	Fibrinolyse =	Auflösung des Thrombus durch **Plasmin**
Körpereigenes Abwehrsystem	= Immunsystem	
<u>Wir unterscheiden:</u>	**1. Unspezifisches Immunsystem (= Sofortabwehr):**	▪ Mikro – u. Makrophagen (Phagozytose) ▪ Humorale Antikörper (AK) z.B.: Interferon gegen Viren, Lysozym gegen Bakterien Komplementsystem. (Plasmaproteine bilden einen sog. Membranangriffskom-plex zur Perforation der Bakterienwand).
	2. Spezifisches Immunsystem:	
	▪ Spezifische humorale Abwehr:	Nach Antigen (AG) – Kontakt wandelt sich **B – Lymphozyt** in **Plasmazelle** um. Diese produziert Immunglobuline = AK **AG+AK = AG/AK – Komplex** (Vernichtung des AG und Abbau im RES)
	▪ Spezifische zelluläre Abwehr:	Durch AG-Kontakt wird **T-Lymphozyt** sensibilisiert. = Bildung von AK auf der Zelloberfläche (zellständig) = **T-Killerzelle**. Erneuter Kontakt ergibt wieder AG/AK-Komplex, der abgebaut wird.
	T-Gedächtniszellen:	Sensibilisierte Lymphozyten wandern ständig durch die lymphatischen Organe bis sie erneut auf ein spezifisches AG treffen.

	T-Helferzellen:	Stimulieren die B-Lymphozyten.
	T-Suppressorzellen:	Sie beenden die Immunreaktion.
Blutgruppen:	**AB0-System:**	Auf der Erythrozytenoberfläche befinden sich „antigene Eigenschaften“ „A“ oder „B“.(Agglutinogene)
	Blutgruppen(BG):	**A**: Antigen A **B**: Antigen B **AB**: AG A + AG B **0**: kein AG. Im Serum AK gegen die nicht vorhandene BG.: (Agglutinine) BG A: Anti B BG B: Anti A BG AB: keine BG 0: Anti A+B.

Bei Bluttranssfusion gruppenungleichen Blutes verklumpen (agglutinieren) die Erys durch Reaktion der BG-AG mit ihren spezifischen AK. Es kommt zur **Hämolyse.** Vor Transfusion: **Kreuzprobe!**

Blutgruppe	AG am Ery	AK im Serum
A	A	Anti B
B	B	Anti A
AB	A+B	Keine
0	Keine	Anti A+B

	BG 0 =	**Universalempfänger**
	BG AB =	**Universalspender**
	Kreuzprobe:	▪ **Majortest** Kreuzung von Patientenserum gegen Spendererys. ▪ **Minortest:** Kreuzung von Spenderserum gegen Empfänger-Erys. ▪ <u>Eigenprobe:</u> Patientenserum gegen Patientenerys. (Auschluß einer Eigen (Auto) – agglutination.

Vererbung der Blutgruppen:	BG A und B werden **dominant**, BG 0 **rezessiv** vererbt.	BG A entsteht aus dem Genpaar AA oder A0 BG B aus dem Genpaar BB oder B0 BG AB aus Genpaar AB BG 0 aus Genpaar 00
	Das Rhesus – System:	
	Das Rhesus – AG besteht aus den 3 Antigenen:	C,D,E. Hauptantigen = D!
	Blut, dass dieses Rhesus –AG enthält wird als **Rh+ (positiv)** bezeichnet, ansonsten als **rh- (negativ).**	84% der Bevölkerung 16%
	Übertragung von Rh+-Blut auf rh- Menschen ruft AK gegen Rhesusfaktor D hervor	= Sensibilisierung!
	Bei einer 2. Transfusion :	AG/AK-Reaktion und Hämolyse.
	Bedeutung für dir Schwangerschaft: **Fetale Erythroblastose:**	Ikterus, Anämie, Hydrops, Blutungen.
	Prophylaxe:	Injektion von **Anti-D**

Hygiene

Definition:	Lehre von der Förderung und Erhaltung der Gesundheit	Dazu zählen alle Maßnahmen, welche die Gesundheit eines Menschen oder einer Gesellschaft schützen und erhalten. Sie ist somit Teil der **Präventiven Medizin**
Gesundheit:	Der Zustand des völligen körperlichen, geistigen, seelischen und sozialen Wohlbefindens	Definition der WHO (Idealzustand)
Krankheit:	Störung von Lebensvorgängen in den Organen durch krankmachende Faktoren (innere und äußere Ursachen)	
Einteilung in die Bereiche:	▪ Sozialhygiene ▪ Psychohygiene ▪ Umwelthygiene	z.B. Einfluss der Arbeitswelt auf die Gesundheit, Lebensstandard, Zivilisationskrankheiten z.B. seelisches Gleichgewicht, richtige Selbsteinschätzung, Zufriedenheit z.B. Wasser-, Luft-, Boden- Lebensmittel-, Wohnungshygiene.
Umsetzung der Erkenntnisse:		
	Öffentliche Hygiene:	z.B. Gesundheitliche Aufklärung u. Beratung der Bevölkerung Seuchenbekämpfung Lebensmittelüberwachung Unfallforschung und Verhütung
	Persönliche Hygiene	z.B. Körperpflege Bekleidung Ernährung Schlaf Bewegung
	Praxishygiene	z.B. Desinfektion Sterilisation Abfallentsorgung

Mikrobiologie und Infektionslehre		
Infektion:	Eindringen u. Vermehrung pathogener Keime.	Infektionskrankheit möglich
Mikroorganismen:	▪ Bakterien ▪ Viren ▪ Pilze (Fungi) ▪ Protozoen ▪ (Prionen)	 = tierische Einzeller = pathogenes Protein
Eintrittspforte:	▪ Haut ▪ Schleimhäute: ▪ Blut:	 Bindehaut, Mund, Nase, Magen-Darm, Geschlechtsorgane Injektion, Infusion, Transfusion, Plazenta
Infektionswege:	**Direkte Infektion:** (von Mensch zu Mensch) **Indirekte Infektion:** (über Gegenstände, Exkremente, Nahrung, Zwischenträger etc.)	▪ Tröpfcheninfektion ▪ Kontaktinfektion ▪ Schmierinfektion, ▪ Wasser- u. Nahrungsmittelinfekt. (oral) ▪ transcutan (Biss/Stich)
Aufbau einer Bakterienzelle:	1. Nucleoid: 2. Zytoplasma: 3. Zytoplasmatische Membran: 4. Zellwand: 5. Kapsel:	DNS H_2O,Salze, Proteine, Osmotische Schranke, Zellteilung, Stoffwechsel. Schutz Schleimhülle schützt vor **Phagozytose!**
Unterscheidungsmerkmale:	▪ Nach der Bedeutung für den Menschen: ▪ Nach der Form: ▪ Nach dem Sauerstoffbedarf: ▪ Nach dem Färbeverhalten:	**Pathogen und apathogen** su. **aerob und anaerob** **grampositiv u. gramnegativ**
Einteilung u. typische Krankheiten:	**Kugelbakterien (Kokken)** Staphylokokken : Streptokokken: Diplokokken:	 Abszess, Furunkel. Scharlach, Tonsillitis. Meningokokken: Meningitis Gonokokken: Gonorrhoe

	Stäbchenförmige Bakterien: a) nicht Sporen bildende: b) Sporen bildende: c) mit Geißeln:	 Mykobakterien (Tbc.) E. coli (Harnwegsinfekt) Corynebakterien (Diphterie) Clostridien (Tetanus) Gasbrand, Botulismus Salmonellen
	Spiralförmige Bakterien: (= Spirochäten) **Sonderformen:**	Treponema pallidum (Lues) Borrelien (Zecken) Chlamydien: Genitalinfekt (Vermehrung nur in Zellen)
Merkmale von Viren: **Aufbau eines Virus:** **Viruskrankheiten:**	1. Keine Zelle 2. Kein eigener Stoffwechsel, wachsen nicht 3. Parasiten! 4. Lichtmikroskopisch nicht sichtbar 5. Nicht auf Antibiotika empfindlich. 6. Keine schützende Zellwand, 7. Keine Sporenbildung. Eiweißmantel = Capsid DNS oder RNS = infektiöser Teil	 Vermehren sich nur in einer lebenden Zelle (Wirt) ▪ Poliomyelitis ▪ Hepatitis A/B/C ▪ Influenza ▪ Tollwut ▪ Mumps, Masern ▪ AIDS, FSME ▪ Warzen
Protozoen:	1. Trichomonaden: 2. Amöben: 3. Toxoplasmen: 4. Plasmodien:	Trichomoniasis der Geschlechtsorgane Amöbenruhr Toxoplasmose Malaria

Pilze:	Spross/Hefepilze Schimmelpilze Dermatophyten Gefährdete Personen:	Soor: Mundsoor, Soorösophagitis (**candida albicans)** Aspergillus (Allergien!) Dermatomykosen z.B. Fußpilz Diabetiker, HIV, Ältere mit Immunschwäche
Mikrobiologische Untersuchungsmethoden:	1. Mikroskop: 2. Kultur: 3. Serologische Methode:	Blutausstrich, Urin, Abstrich Nährböden (Kolonien) Antikörper im Blut
Ektoparasiten:	• Filzlaus/Kopflaus • Floh • Krätzmilbe • Zecke • Würmer :Saug-Band- • Fadenwürmer z.B. Spulwurm)	
Infektionsschutzgesetz: **Das Gesetz enthält:** (Auszug, siehe auch Anhang))	!.Das Meldewesen: Namentliche Meldung: Nichtnamentliche Meldung: Zur Meldung verpflichtet: (Innerhalb von 24 Std. an das Gesundheitsamt.) 2.Bestimmungen zur Bekämpfung übertragbarer Krankheiten.	• Krankheitsverdacht, Erkr., Tod (z.B. Diphterie, Masern, Polio, Tollwut) • Nachweis von Krankheitserregern: FSME Hepatitisvirus Salmonellen ,TBC HIV, Lues Arzt/Tierarzt/Heilpraktiker Labor, Heil-Pflegeberufe, Flug-Schiffskapitäne, Leiter von Heimen, JVA, Lager Seuchenbekämpfung

	Wichtig für die Praxis:	Bei Impfung Chargenbezeichnung eintragen (Impfpass und Karteikarte!!
<u>**Impfungen:**</u> **Impfstoff = Vakzine. :** Lebendimpfstoff: Totimpfstoff: Toxoidimpfstoff:	**Aktive Impfung:** Vermehrungsfähige aber abgeschwächte Erreger Abgetötete Erreger oder gereinigte Teile davon Ungiftige Variante des echten Toxins **Passive Impfung:**	**Gabe von AG! Körper bildet AK** (= Immunglobuline) Immunität beginnt nach 14 Tagen. AG – AK- Reaktion verhindert Erkrankung. Langfristiger Schutz! **Grundimmunisierung + Auffrischimpfung.** **Simultanimpfung = aktiv + passiv** **Mehrfachimpfung = Kombination mehrerer Impfstoffe** MMR, Polio Tetanus, Grippe Diphterie, Tetanus Gabe von fertigen AK (arteigen oder artfremd) **Sofortschutz jedoch nur 3 Monate!** z.B. Tetagam.
Injektionsort:	**M. deltoideus**	
Impfreaktionen:	<u>Lokalreaktion:</u> <u>Allgemeinreaktionen:</u>	Rötung, Schwellung, Schmerzen im Bereich der Injektionsstelle klingen innerhalb von 72 Stdn ab. Fieber bis 39,5°C, Kopf-und Gliederschmerzen, Unwohlsein
Kontraindikationen für Impfungen:	▪ Akute Infektionserkrankungen, ▪ Fieber >38,5°C ▪ Allergie gegen ▪ Bestandteile des Impfstoffes	

	▪ (z.B. Hühnereiweiß) ▪ 1 Woche vor bzw. 6 Wochen nach größeren Operationen ▪ Schwangerschaft: alle nicht dringend indizierten Impfungen, insbesondere keine Lebendimpfstoffe.	
Dokumentation der Impfung:	**Impfpass:**	▪ Chargennummer ▪ Bezeichnung des Impfstoffs (Handelsnahme) ▪ Impfdatum ▪ Krankheit ▪ Stempel u. Unterschrift
Umgang mit Impfstoffen und Vorgehen bei der Impfung: **Impfkalender**	▪ Aufbewahrung im Kühlschrank bei 2-8°C. ▪ Nicht mit Desinfektionsmittel in Kontakt bringen! ▪ Impfstoff soll die Kanüle außen nicht benetzen. ▪ Nach dem Aufziehen des Impfstoffes neue Nadel zur Injektion verwenden. ▪ Angebrochene Ampullen sofort verwenden (Gefahr der bakteriellen Kontamination!) Siehe S. 41.	Vor Wärme schützen, keine Unterbrechung der Kühlkette! Durchstechstopfen müssen trocken sein! Haut muss nach Desinfektion wieder trocken sein. Das führt zu Schmerzen und Entzündung im Stichkanal! Luft aus Fertigspritzen nicht entfernen.
<u>Sterilisation :</u>	= Abtötung sämtlicher Mikroorganismen	
Sterilisation durch Hitze:	**1. Trockene Hitze:**	**<u>Heißluftsteri:</u>** Erwärmte Raumluft. **Abtötungszeit: 30 Minuten bei 180 °C.** Sterilisiergut vorher **desinfizieren dann reinigen und trocknen!**

	2. Feuchte Hitze:	**Autoklav:** Gespannter Wasserdampf ohne Restluft! :**2 bar 121°C 20 Minuten.** (134°C, 3bar, 5Min.)
	Überprüfung der Sterilisatoren mit:	**Sporenpäckchen** 2 mal im Jahr. (Analyse im Labor) Laufende Kontrolle mit **Thermoindikatoren** z.B. Spontistreifen (Farbumschlag zu braun)
Kaltsterilisation:	= Gassterilisation:	**Äthylendioxid** (giftig, explosiv!) Überdruck, Temp. 20 – 60 °C, 20 – 40 Min. hohe Feuchtigkeit von 40 – 90 %. CO_2-Schutzgas! **Folienversiegelung!**
Desinfektion: **Methoden:**	Weitgehende Reduktion pathogener Keime. ▪ Physikalisch: ▪ Chemisch:	z.B. UV – Licht im OP Pasteurisieren! Desinfektionsmittel nach Vorschrift herstellen! Bakterizde, viruzide, fungizide Wirkung. **Mittel**: z.B.: Äthanol 70% Formalin, Chlor, Jod (Halogene) H_2O_2, Schwermetalle (Merfen)
Praxishygiene	**Hygienische Händedesinfektion:**	Zugelassenes Mittel verwenden 3ml aus Wandspender entnehmen (mit Ellenbogen oder Fußpedal bedienen) **Einwirkzeit mindest. 30 Sek.**
	Wann:	Vor u. nach Pat.-Kontakt Nach Kontakt mit infektiösem Material Nach Toilettengang

	Chirurgische Händedesinfektion:	▪ Hände u. Unterarme 1Min.gründlich mit Wasser u. Seife reinigen (Nägel!). ▪ Mit Einmalhandtuch abtrocknen ▪ Hände und Unterarme 3 Minuten mit alkoholischem Desinfektionsmittel einreiben, danach 2 Minuten nur die Hände ▪ Sterile Handschuhe anziehen
	Instrumentendesinfektion: **<u>Reihenfolge</u>:** Wann?	In Desinfektionslösung vollständig bedeckt einlegen (Konzentrat mit Wasser nach Herstellerangaben mischen) **Desinfektion-Reinigung-Sterilisation!!** Sofort nach Gebrauch!!
	Desinfektion von Apparaten: Wischdesinfektion wo möglich, ansonsten Sprühdesinfektion!	**Endoskope** in Spülwannen oder Waschmaschinen. **Inhalatoren** zerlegen u. desinfizieren, evtl. Autoklav. **Ultraschallkopf** mit Alkohol abwischen.
	Flächendesinfektion: **<u>Fußböden:</u>**	Wischdesinfektion für Liegen, Tische, etc. **2-Eimer-Methode**
Hygieneplan:	▪ Ist für jede Praxis vorgeschrieben ▪ Dient der Verhütung von Infektionen von Personal und Patienten ▪ **Enthält eine genaue Beschreibung aller Maßnahmen der Infektionsverhütung in der Praxis**	

	▪ <u>**Muss folgende Punkte enthalten:**</u>	**Was** **Wie** **Womit** **Wann** **Wer**
Schutzkleidung:	Wann: Anforderungen: Wann nicht: Aufbewahrung:	Wenn die Kleidung mit keimen verschmutzt werden kann. Hellfarbig, waschbar (95°C) Desinfizierbar, kuzärmlig. Im Aufenthaltsraum u. beim Verlassen der Praxis. Getrennt von anderer Kleidung.
Entsorgung in der Arztpraxis:	Praxismüll wird in 5 Kategorien eingeteilt: **A = normaler Hausmüll** (Restmülltonne) **B = Hausmüll, der wahrscheinlich mit menschlichen Sekreten verschmutzt ist** Darf in der normalen Restmülltonne entsorgt werden, wenn der Müll verbrannt wird. Ansonsten gesonderte B-Müll-Säcke **C = Infektiöser Müll:** Spezialbehälter **D = Sondermüll:** Spezielle Sammlungen durch Entsorgungsunternehmen **E = Spezieller Chirurgie- oder OP-Müll:** Undurchsichtige Spezialbehälter, Abholung durch Spezialunternehmen	 Müll aus dem Sozialraum Müll aus den Papierkörben Auch abgelaufene Medikamente, wenn der Müll verbrannt wird <u>Dazu zählen</u>: gebrauchte Handschuhe, Tupfer, gebrauchte Verbandsmaterialien, Spritzen, Infusionsleitungen Kontaminierter Müll durch Kontakt mit den besonders virulenten Erregern bestimmter Krankheiten wie z.B. Cholera, Diphterie, Tbc, Polio, Pest, Pocken. Chemikalien, Reste von Zytostatika, Röntgenentwickler z.B. alte Blutkonserven, amputierte Gliedmaßen

Impfkalender

Die Impfkalender für Säuglinge und Kleinkinder (Tab. 1.1) und für Kinder, Jugendliche und Erwachsene (Tab. 1.2) umfassen Impfungen zum Schutz vor Tetanus (T), Diphtherie (D/d), Pertussis (aP/ap), *Haemophilus influenzae* Typ b (Hib), Poliomyelitis (IPV), Hepatitis B (HB), Pneumokokken, Meningokokken, Masern, Mumps, Röteln (MMR), Varizellen sowie gegen humane Papillomviren (HPV) und Influenza. Der Zeitpunkt der empfohlenen Impfung wird in Monaten (Tab. 1.1) und in Jahren (Tab. 1.2) angegeben. Die Impfungen sollten zum frühestmöglichen Zeitpunkt erfolgen. Um die Zahl der Injektionen möglichst gering zu halten, sollten vorzugsweise Kombinationsimpfstoffe verwendet werden. Die Überprüfung und gegebenenfalls Vervollständigung des Impfstatus ist in jedem Lebensalter sinnvoll. Fehlende Impfungen sollten sofort, entsprechend den Empfehlungen für das jeweilige Lebensalter, nachgeholt werden. Zu den zeitlichen Mindestabständen zwischen zwei Impfungen sowie zur Möglichkeit der Koadministration von Impfstoffen sind die Fachinformationen des jeweiligen Impfstoffes zu beachten. Für einen lang dauernden Impfschutz ist es von besonderer Bedeutung, dass bei der Grundimmunisierung der empfohlene Mindestabstand zwischen vorletzter und letzter Impfung (in der Regel 6 Monate) nicht unterschritten wird.

Erläuterungen	
G	Grundimmunisierung (in bis zu 4 Teilimpfungen G1–G4)
A	Auffrischimpfung
S	Standardimpfung
N	Nachholimpfung (Grundimmunisierung aller noch nicht Geimpften bzw. Komplettierung einer unvollständigen Impfserie)

Tabelle 1.1: Impfkalender (Standardimpfungen) für Säuglinge und Kleinkinder bis 2 Jahre

Impfung	Alter in Monaten				
	2	3	4	11–14	15–23
Tetanus	G1	G2	G3	G4	
Diphtherie	G1	G2	G3	G4	
Pertussis	G1	G2	G3	G4	
Haemophilus influenzae Typ b	G1	G2 [a)]	G3	G4	
Poliomyelitis	G1	G2 [a)]	G3	G4	
Hepatitis B	G1	G2 [a)]	G3	G4	
Pneumokokken	G1	G2	G3	G4	
Meningokokken				G1 (ab 12 Monaten)	
Masern, Mumps, Röteln				G1	G2
Varizellen				G1	G2

a) Bei Anwendung eines monovalenten Impfstoffes kann diese Dosis entfallen.

Tabelle 1.2: Impfkalender (Standardimpfungen) für Kinder ab 5 Jahre, Jugendliche und Erwachsene

Impfung	Alter in Jahren				
	5–6	9–11	12–17	ab 18	ab 60
Tetanus	A1	A2		A (ggf. N) Auffrischimpfung jeweils 10 Jahre nach der letzten vorangegangenen Dosis. Die nächste fällige Td-Impfung einmalig als Tdap- bzw. bei entsprechender Indikation als Tdap-IPV-Kombinationsimpfung.	
Diphtherie	A1	A2			
Pertussis	A1	A2			
Poliomyelitis		A1		ggf. N	
Hepatitis B	N				
Pneumokokken					S b)
Meningokokken	N				
Masern	N			S c)	
Mumps, Röteln	N				
Varizellen	N				
Influenza					S Jährliche Impfung
Humanes Papillomvirus (HPV)			G1–G3 Standardimpfung für Mädchen und junge Frauen		

Angepasst entspr. Erratum; s. Kasten unten!

b) Einmalige Impfung mit Polysaccharid-Impfstoff, Auffrischimpfung nur für bestimmte Indikationen empfohlen, vgl. Tabelle 2

c) Einmalige Impfung für alle nach 1970 geborenen Personen ≥18 Jahre mit unklarem Impfstatus, ohne Impfung oder mit nur einer Impfung in der Kindheit, vorzugsweise mit einem MMR-Impfstoff

Die angegebenen Impftermine berücksichtigen die für den Aufbau eines Impfschutzes notwendigen Mindestabstände zwischen den Impfungen. Die Früherkennungsuntersuchungen für Säuglinge und Kinder, die Schuleingangsuntersuchung, Schuluntersuchungen, die Jugendgesundheitsuntersuchungen sowie die Untersuchungen nach dem Jugendarbeitsschutzgesetz sollen für die Impfprophylaxe genutzt werden. Die im Impfkalender empfohlenen Standardimpfungen sollten auch alle Personen mit chronischen Krankheiten erhalten, sofern keine spezifischen Kontraindikationen vorliegen.

Wegen der besonderen Gefährdung in der frühen Kindheit muss es das Ziel sein, empfohlene Impfungen für Säuglinge **möglichst frühzeitig** durchzuführen und spätestens bis zum Alter von 14 bzw. 23 Monaten die Grundimmunisierungen zu vollenden. Die Erfahrung zeigt, dass Impfungen, die später als empfohlen begonnen wurden, häufig nicht zeitgerecht fortgesetzt werden. Bis zur Feststellung und Schließung von Impflücken, z. B. bei der Schuleingangsuntersuchung, verfügen unzureichend geimpfte Kinder nur über einen mangelhaften Impfschutz. Noch vor dem Eintritt in eine Gemeinschaftseinrichtung, spätestens aber vor dem Schuleintritt, ist für einen altersentsprechenden vollständigen Impfschutz Sorge zu tragen. Spätestens bis zum vollendeten 18. Lebensjahr (d. h. bis zum Tag vor dem 18. Geburtstag) sind bei Jugendlichen versäumte Impfungen nachzuholen.

Themenblock 1 - Normen, Gesetze und Richtlinien

Hier finden Sie wichtige Normen, Gesetze und Richtlinien, welche für Sie in der Praxis in Bezug auf Hygiene wichtig sind

1. Infektionsschutzgesetz (IfSG)

Zuständig für die behördliche Überwachung der Hygiene in einer Praxis sind insbesondere die jeweiligen Gesundheitsämter. Auf Grundlage des Infektionsschutzgesetztes (IfSG) können diese Praxisbegehungen durchführen und bei akuten Missständen „notwendige Maßnahmen" zur Abwendung [...] veranlassen (vgl. § 16 Abs. 1 i.V.m. Abs. 6 IfSG).

Seit dem 1. Januar 2001 regelt das deutsche IfSG die Verhütung und Bekämpfung von Infektionskrankheiten beim Menschen. Mit Inkrafttreten traten unter anderem das Bundessseuchengesetz, die Laborberichtsverordnung und das Gesetz zur Bekämpfung von Geschlechtskrankheiten außer Kraft. Das IfSG ist eine bundesweite Regelung aus dem Bereich der Gefahrenabwehr.

Das Infektionsschutzgesetz finden Sie unter:
http://bundesrecht.juris.de
Pfad: Titelsuche > IfSG

2. Medizinproduktegesetz

Das Medizinproduktegesetz (kurz MPG) schreibt vor, dass Praxen, die Medizinprodukte betreiben oder anwenden bzw. sterile oder keimarme Medizinprodukte aufbereiten, der Überwachung des zuständigen Gewerbeaufsichtsamtes unterliegen (vgl. §26 Abs. 1 MPG). Nach §28 Abs. 2 MPG ist die zuständige Behörde insbesondere befugt, die Aufbereitung von Medizinprodukten zu überprüfen und Anordnungen über die Praxisschließung zu treffen. Das MPG enthält die technischen, medizinischen und Informations-Anforderungen für das Inverkehrbringen von Medizin Produkten. Zweck des Gesetzes ist es, den Verkehr mit Medizinprodukten zu regeln und dadurch für die Sicherheit, Eignung und Leistung der Medizinprodukte sowie die Gesundheit und den erforderlichen Schutz der Patienten, Anwender und Dritter zu sorgen. Es dient als Meldesystem zur Erfassung und Abwehr von Risiken aus Medizinprodukten. Dieses Gesetz hat

Das Medizinproduktegesetz finden Sie unter:
http://bundesrecht.juris.de
Pfad: Startseite > Titelsuche > MPG

3. Medizinproduktebetreiberverordnung

Die Medizinprodukte-Verordnung (MPBetreibV) besagt, dass Medizinprodukte nur von Personen betrieben, angewendet und in Stand gehalten werden dürfen, wenn diese dafür mind. die erforderliche Kenntnis und Erfahrung besitzen (vgl. §2 Abs. 2 MPBetreibV). Ob Medizinprodukte mit den Anforderungen gemäß §7 MPG übereinstimmen und wie die Bewertung auszusehen hat, wird ebenfalls durch die MPBetreibV geregelt. Ebenso die Klassifizierung von Medizinprodukte, sowie Sonderverfahren für Systeme und Behandlungseinheiten findet hier seine Regelung. Mit Krankheitserregern kontaminierte Medizinprodukte können die Quelle von Infektionen beim Menschen sein. Die Anwendung solcher Medizinprodukte setzt daher eine vorhergehende Aufbereitung voraus, an die definierte Anforderungen zu stellen sind.
Dies bedeutet, dass Medizinprodukte nur nach den Vorschriften der Verordnung, den allgemein anerkannten Regeln der Technik und den Arbeitsschutz- und Unfallverhütungsvorschriften aufgestellt, betrieben, angewendet und in den Stand gehalten werden dürfen.
Wie Medizinprodukte definiert werden und wie deren Aufbereitung zu erfolgen hat, wird im dritten Kapitel .Aufbereitung von Medizinprodukten“ beschrieben.

Die Medizinproduktebetreiberverordnung finden Sie unter:
http://bundesrecht.juris.de
Pfad: Startseite > Titelsuche > MPBetreibV

4. Biostoffverordnung

Die Biostoffverordnung regelt den Umgang und die Arbeit mit biologischen Arbeitsstoffen in der Praxis. Unter biologischen Arbeitsstoffen werden Mikroorganismen verstanden, die Infektionen, toxische oder sensibilisierende Reaktionen beim Menschen hervorrufen können, beispielsweise Maserninfektion oder Einatmung von Aerosolen bei einem Patienten mit offener Tuberkulose. Für Tätigkeiten mit biologischen Arbeitsstoffen muss der Praxisinhaber eine Gefährdungsbeurteilung der Arbeitsplätze erstellen und entsprechende Hygienemaßnahmen durchführen. Die praktische Umsetzung der Biostoffverordnung erfolgt in der BGR 2507TRBA 250.

Die Biostoffverordnung finden Sie unter:
http://bundesrecht.juris.de
Pfad: Startseite > Titelsuche > BioStoffV

5. BGR *250* / TRBA *250*

Die Berufsgenossenschaftliche Regelung *250* beschreibt die Umsetzung der Biostoffverordnung für die Praxis. Praktische Informationen gibt es zu den baulichen Schutzmaßnahmen (z.B. Ausstattung Handwaschplatz, Abfallbehälter), organisatorischen und hygienischen Bestimmungen (u.a. Personalqualifikation und -einsatz, Verwendung sicherer Instrumente) und der persönlichen Schutzausrüstung. Beschrieben wird das Verhalten bei Unfällen in der Praxis ebenso wie die Erstellung von Betriebsanweisungen und die Unterweisung der Mitarbeiter. Weitere Informationen gibt es zur Aufbereitung von Medizin Produkten, zum Wäschemanagement, Abfallentsorgung oder arbeitsmedizinischen Vorsorgeuntersuchungen.

Die BGR *250* / TRBA *250* finden Sie als pdf-Dokument unter:
http://www.bgw-online.de
Pfad: Startseite > BGW Mitteilungen > Archiv > Ausgabe 4/2008 > Service > BGR 250 / TRBA 250

6. Abfallverordnung

Das Gesetz der Abfallverzeichnis-Verordnung (AW) dient zur Bezeichnung von Abfällen und der Einstufung von Abfällen nach ihrer Überwachungsbedürftigkeit und ist sehr komplex.
Die Bund/Länder Gemeinschaft für Abfallentsorgung (LAGA) hat eine Vollzugshilfe zur Entsorgung von Abfällen aus Einrichtungen des Gesundheitsdienstes herausgegeben. „Diese Vollzugshilfe gibt praktische Ratschläge für die Entsorgung von Abfällen aus allen Einrichtungen des Gesundheitsdienstes, die im Rahmen der humanmedizinischen und tierärztlichen Versorgung und Forschung anfallen. Die Erfahrung der Praxis bestätigt, dass entgegen den gelegentlich in der Öffentlichkeit geäußerten Befürchtungen von Abfällen aus Einrichtungen des Gesundheitsdienstes bei sachgemäßer Handhabung keine größeren Gefahren ausgehen als von ordnungsgemäß entsorgtem Siedlungsabfall und ähnlichen gewerblichen und industriellen Abfällen. Ziel dieser Vollzugshilfe ist es, auch unter Berücksichtigung der wirtschaftlichen Zumutbarkeit eine sichere und ordnungsgemäße Abfallentsorgung zu gewährleisten, die Krankheitsübertragungen und Umweltbelastungen vermeidet. Neben diesen Aspekten ist die konkrete Situation der unterschiedlichen, einzelnen Einrichtungen zu beachten und die Entwicklung der Technik einzubeziehen."

Weitere Informationen finden Sie auf den Homepages Ihrer Stadt, meist unter der Rubrik Abfallwirtschaft oder direkt bei Ihrem zuständigen Entsorgungsunternehmen.

Die Vollzugshilfe zur Entsorgung von Abfällen aus Einrichtungen des Gesundheitsdienstes der LAGA finden Sie als pdf-Dokument hier: http://www.laga-online.de

Ablauf einer Infektionskrankheit

<table>
<tr><td>1. Infektion
(lateinisch inficere = anstecken)</td><td colspan="2">Mikroorganismen dringen in den Organismus ein und vermehren sich dort. Oft bleibt eine Infektion durch die Abwehrreaktion des Immunsystems symptomlos. Erst bei sichtbaren Krankheitszeichen kann man von einer Infektionskrankheit sprechen.</td></tr>
<tr><td>Ob eine Krankheit auftritt hängt von mehreren Faktoren ab:</td><td>▪ Die Erreger müssen die Fähigkeit besitzen Krankheiten hervorzurufen
▪ Von der Menge der Erreger
▪ Von der Virulenz
▪ Von der Disposition und Abwehrlage des Menschen</td><td>= Pathogenität

eine ausreichend hohe Zahl ist notwendig
= Infektionskraft
Vererbung, Ernährung, Lebensführung, Impfungen, Alter, Stress</td></tr>
<tr><td></td><td><u>Die Virulenz hängt ab von:</u></td><td>▪ Fähigkeit in den Organismus einzudringen
▪ Fähigkeit zur raschen Vermehrung
▪ Fähigkeit zur Giftbildung
▪ Fähigkeit sich zu verändern bzw. anzupassen
▪ Fähigkeit das Immunsystem zu täuschen</td></tr>
<tr><td>2. Inkubationszeit:</td><td>Zeit von der Infektion bis zum Auftreten der ersten Symptome</td><td>In dieser Zeit vermehren sich die Erreger im Körper. Dauer: Stunden bis Jahre!</td></tr>
<tr><td>3. Infektionskrankheit:</td><td>Die Mobilisierung des Immunsystems verursacht allgemeine Symptome wie :</td><td>Fieber, Abgeschlagenheit, Appetitlosigkeit, Gliederschmerzen</td></tr>
<tr><td></td><td>Die ersten Symptome sind meist unspezifisch und bei vielen Krankheiten gleich</td><td>z.B. wie bei einem grippalen Infekt. Man bezeichnet sie als Vorläufersymptome oder Prodromalsymptome.</td></tr>
<tr><td></td><td>Danach entwickeln sich die spezifischen Symptome, die typisch für die jeweilige Krankheit sind.</td><td>z.B. das Exanthem bei vielen Kinderkrankheiten</td></tr>
<tr><td>4. Rekonvaleszenz;</td><td>Zeit zwischen Infektionskrankheit und vollständiger Genesung.</td><td>Häufig bleibt eine lebenslange Immunität zurück (Gedächtniszellen)</td></tr>
</table>

Fieber:	Viele Infektionskrankheiten sind mit Fieber verbunden. Fieber ist keine Krankheit sondern nur ein Symptom, das zeigt, dass eine Krankheit besteht und Erreger bekämpft werden müssen.	Sinn des Fiebers: ▪ Die Erreger sind temperaturempfindlich und sterben leichter ab. ▪ Die Temperatur steigert die Aktivität der Anwehrzellen Fieber sollte deshalb auch nicht grundsätzlich medikamentös gesenkt werden! Nur bei hohen bis sehr hohen Fieber sinnvoll. (Fieberkrämpfe bei Kindern, Kreislaufbelastung bei älteren Menschen)
36,5-37,5 °C	Normale Körpertemperatur	Morgens ist die Temperatur ca. 0,5 °C niedriger als gegen Abend.
37,5-38 °C	Erhöhte Temperatur (subfebril)	
38-39 °C	Leichtes Fieber	
39-40 °C	Hohes Fieber	
>40 °C	Sehr hohes Fieber	Ab 42 °C können sich Körpereiweiße verändern (denaturieren) was zum Tod führt!
Temperaturmessung:	**Rektal**	Messung im After ist am genauesten (Digitalthermometer)
	Oral, sublingual	Alternativ, evtl. angenehmer für den Patienten
	Axillar	Oft ungenau
	Auriculär	Ohrthermometer können bei Entzündungen im Ohr falsche Werte liefern.
Behandlung von Infektionskrankheiten:	**Selbstheilungskräfte** unterstützen:	▪ Gesunde Lebensweise (Sport, Ernährung, Sauna) ▪ Naturheilverfahren
	Antibiotika Die Entwicklung von **Antibiotikaresistenzen** zwingt zu ständig neuen Entwicklungen.	▪ **Bakteriostatisch**: Hemmung des Wachstums ▪ **Bakterizid**: Keimabtötung
	Grundsätze der Antibiotikaverordnung:	▪ Nur wenn wirklich erforderlich und die Erreger darauf ansprechen. ▪ Wenn möglich gezielt

		einsetzen (**Antibiogramm**)
	Virustatika:	Hemmen die Virusvermehrung in den Zellen. Verschiedene Virustatika-Kombinationen werden zur Aids-Behandlung eingesetzt.
	Antimykotika:	Arzneimittel gegen Pilzinfektionen Am häufigsten werden Produkte zur äußerlichen Anwendung verwendet (Salben, Creme, Gel, Spray, Nagellack)

Einige Fachbegriffe:

Endemie	Zeitlich unbegrenztes Auftreten einer Infektionskrankheit in einem begrenzten Gebiet
Epidemie	Gehäuftes Auftreten einer Infektionskrankheit zu einer bestimmten Zeit an einem bestimmten Ort
Hefe	Unizellulärer Pilz, Vermehrung durch Sprossbildung
Hyphe	Fadenförmiger Pilz, bildet Geflechte
Infektion	Eindringen von Erregern in den Körper und Vermehrung
Inkubationszeit	Zeit zwischen Ansteckung und Auftreten erster Symptome
Kontamination	Verunreinigung, Verschmutzung
Mykosen	Pilzerkrankungen
Myzel	Pilzgeflecht
Pandemie	Epidemie über einzelne Erdteile oder die ganze Welt
Pathogen	krankmachend
Septisch	Mit pathogenen Keimen behaftet
Serologie	Beschäftigt sich mit Eigenschaften und pathologischen Veränderungen von Bestandteilen des Blutserums
Seuche	Plötzliche Erkrankung vieler Menschen an einer Infektionskrankheit
Toxin	Gift
Virulenz	Infektionskraft

Diagnostik bei Entzündung und Infektionskrankheit

1. Anamnese	▪ Subjektive Beschwerden und bisheriger Verlauf ▪ Alter! ▪ Kontakt mit Erkrankten? ▪ Berufliche Exposition ▪ Reiseanamnese! ▪ Impfstatus ▪ Allergie?	
2. Klinische Zeichen	▪ 5 Kardinalsymptome der Entzündung ▪ charakteristische, richtungsweisende Symptome ▪ Fieber und Fieberverlauf	Rubor, Calor, Dolor, Tumor, functio laesa z.B. Exanthem, Himbeerzunge, Ikterus, Rachenbefund etc,
3. Bildgebende Verfahren	▪ Röntgen ▪ CT/MRT ▪ Ultraschall	
4. Allgemeine klinisch – chemische Entzündungsindikatoren		
▪ **Differenzialblutbild:**	**Leukozytose**	Vermehrung der Leukozyten über 10000/mm³ vor allem bei bakteriellen Infektionen
	Linksverschiebung	Häufung von jugendlichen Granulozyten tritt wenige Stunden nach einem bakteriellen Reiz auf
	Lymphozytose	Vor allem bei Virusinfektionen, die aber auch mit einer **Leukopenie** (<4000/mm³) einhergehen können.
	Monozytose	Bei Tbc und Lues Bei der Mononukleose (Pfeiffersches Drüsenfieber) finden sich mononukleäre Zellen (= veränderte T-Lympozyten, sogenannte Lymphoidzellen)
▪ **BSG/BKS („Blutsenkung“)**	Erythrozyten tragen auf ihrer Oberfläche negative Ladungen, stoßen sich dadurch gegenseitig ab und verzögern damit die Geschwindigkeit der Sedimentation (Absinken)	Unersuchungsmaterial: 1,6 ml Blut + 0,4 ml 3,8%ige Natriumcitrat. Ablesen nach 1(und 2) Stunden. Normalwert: Männer 15mm, Frauen 20mm nach 1 Std.

	Veränderungen der Bluteiweiße bei Entzündungen bauen die elektrische Ladung auf der Erythrozytenoberfläche ab und führen zu einem schnelleren Absinken der Blutkörperchen	Diagnostische Bedeutung: **Bei Entzündungen aller Art und Tumorerkrankungen** ist die BSG erhöht. Bei chronischen Entzündungen kann sie unauffällig sein. Der Anstieg erfolgt frühestens nach 24 Stunden und bleibt auch noch Tage nach Abklingen der Entzündung bestehen.
▪ **C-reaktives Protein (CRP)**	Das CRP erhielt seinen Namen durch sein Bindungsvermögen am C-Polysaccharid der Zellwand vo Streptococcus pneumoniae. Es wird in der Leber gebildet und von dort als **Akute-Phase-Protein** freigesetzt. CRP reagiert mit vielen Bakterien, Pilzen, Protozoen. Diese Komplexe ermöglichen Phagozytose und Lyse eindringender Zellen	Untersuchungsmaterial: Serum oder Plasma (Heparin, EDTA) Diagnostische Bedeutung: Schneller Anstieg innerhalb weniger Stunden **bei bakteriellen Entzündungen** Virusinfektionen bewirken keinen oder nur geringen Anstieg im Blut.
▪ **Neuere Entzündung-sindikatoren**	▪ Interleukin 6 (IL-6) ▪ Procalcitonin (PCT) ▪ Lipopolysaccharid-bindendes Protein (LBP)	
5. Mikrobiologische Diagnostik	Gewinnung von Untersuchungsmaterial (Probenentnahme) zum Erregernachweiß:	**Merke:** Der Erfolg der labordiagnostischen Maßnahmen hängt entscheidend von der Qualität der eingesandten Untersuchungsprobe ab!

Art des Materials:	**Beschreibung:**	**Bemerkung:**
Tupferabstrich	Steriles Aufnahmemedium: Watte, bürstenförmig geformte Kunststoffe auf einem Holz- oder Kunststoffstiel (Stieltupfer)	Müssen in ein Transportmedium verbracht werden. Die Keime können darin eine Zeitlang überleben ohne sich aber zu vermehren.
Blut	**Blutkultur:** 2x5-10ml Venenblut zum aeroben und anaeroben Keimnachweis bei Verdacht auf Sepsis.	Haut vorher gründlich desinfizieren!! 2 Blutkulturflaschen. Eine Flasche wird belüftet. Blutkulturen müssen mehrfach im Abstand von einigen Stunden angelegt werden.
	Serologie: Zum Nachweis spezifischer AK oder AG im Serum.	Material muss ohne jegliche Zusätze gewonnen werden. Da eine einmalige Antikörpermenge (Titer) oft nicht genügt ist eine spätere Serumprobe nötig, um einen Titerverlauf zu sehen.
	Polymerasekettenreaktion(PCR): Empfindlicher Nachweis von Nukleinsäuren (DNA/RNA)	Blut muss durch EDTA ungerinnbar gemacht werden.
Urin	Mittelstrahlurin. Bei Frauen oft fehlerhaft (Kontamination mit Hautkeimen) Genaue Anleitung zur Uringewinnung! In Problemfällen suprapubischer Punktionsurin.	- Mikroskopische Untersuchung - Teststreifen - Kultureller Nachweis: Keimzahlbestimmung im Morgenurin durch Eintauchverfahren von agarbeschichteten Objektträgern. Harnwegsinfekt bei Keimzahl über 100000/ml
Stuhl	Pflaumengroße Probe mit handelsüblichem Entnamesystem (Röhrchen mit Löffelchen) aus Toilette entnehmen	Urinbeimengungen vermeiden. Schneller Transport ins Labor. Genaue Angabe der gewünschten Erreger notwendig! z.B.: Salmonellen, Shigellen, Yersinien.

Eiter, Wundsekrete, Punktate, Liquor	Mit Spritze entnehmen.	Gegebenenfalls Sterilität beachten.
Lungensekret (Sputum)	Aushusten in steriles Gefäß	Vorher Mundspülung.

Probenversand:	▪ Die Untersuchungsmaterialien müssen eindeutig gekennzeichnet sein und einem Untersuchungsauftrag unverwechselbar zugeordnet werden. ▪ Der Transport ins Labor soll umgehend erfolgen. ▪ Die Probengefäße müssen bruchsicher (Plastikgefäß mit Schraubverschluss) sein ▪ Die Sendung muss als menschliches Untersuchungsmaterial gekennzeichnet sein (Spezielles Verpackungsmaterial) ▪ Informationen an das Labor: Zeitpunkt und Art der Entnahme, Vorbefunde, Medikation, Klare Fragestellung	
Erregernachweis: Zur Klärung der Diagnose und für eine gezielte Therapie ist ein Erregernachweis erforderlich. Es gibt folgende Möglichkeiten:	<u>Direkt:</u>	▪ Isolierung des Erregers mittels Anzucht (**Kultur**) ▪ **Mikroskopische** Untersuchung ▪ Nachweis von Erreger-Bestandteilen (**Antigen**) ▪ Nachweis erregertypischer **Toxine** oder **Enzyme** ▪ Nachweis charakteristischer **Genabschnitte**
	<u>Indirekt:</u>	Nachweis erreger-spezifischer **Antikörper** im Patientenserum (IgM/IgG)

Infektionskrankheiten

Krankheit/Erreger	Krankheitsbild	Bemerkungen
Masern (Morbilli) Masernvirus	Fieber bis 41°C, Atemwegskatarrh, Rhinitis, Konjunktivitis, Koplik-Flecken an Wangenschleimhaut, **großfleckiges Exanthem** beginnend hinter dem Ohr, Komplikationen: ▪ Bronchopneumonie ▪ Otitis media ▪ Enzephalitis	Tröpfcheninfektion, hochansteckend, Inkubationszeit: 8-14 Tage Lebenslange Immunität Aktive Impfung (MMR) im Alter von 11-15 Monaten
Röteln (Rubeola) Röteln-Virus	Leichtes Fieber, schmerzlose Lymphknotenschwellung hinter den Ohren, **mittelfleckiges Exanthem,** Beginn hinter den Ohren,	Tröpfcheninfektion, mäßig ansteckend Inkubationszeit: 14-21 Tage Bei Infektion in den ersten Monaten der Schwangerschaft schwere Schäden und Behinderungen des Kindes möglich **(Rötelnembryopathie)** Impfung (MMR)
Ringelröteln Virus	Fieber gering ,hochrote Wangen, **Exanthem girlandenförmig** an Streckseiten der Extremitäten und Gesäß	Tröpfcheninfektion, hoch ansteckend Inkubationszeit: 7-14 Tage
Windpocken (Varizellen) Varicella-Zoster-Virus	Exanthem am ganzen Körper: Große Flecken, Bläschen, Papeln, Pusteln, Krusten Mäßiges Fieber **Starker Juckreiz**	Tröpfcheninfektion. Hoch ansteckend, Inkubationszeit: 4-14 Tage Die Viren bleiben lebenslang im Körper und können später Gürtelrose hervorrufen! Impfung
Mumps (Parotis epidemica/Ziegenpeter) Mumpsvirus	Teigige, druckempfindliche ein oder beidseitige **Schwellung der Ohrspeicheldrüse** Leichtes Fieber, Schmerzen beim Kauen	Tröpfcheninfektion, Komplikation: ▪ Orchitis ▪ Mumpsmeningitis Impfung (MMR)
Pfeiffersches Drüsenfieber (Mononukleose) Epstein-Barr-Virus	Angina tosillaris, Fieber, Halsschmerzen Halslymphknoten geschwollen, evtl. auch Leber und Milz, Kopfschmerzen	Übertragung durch Speichel z.B. beim Küssen

Poliomyelitis (Kinderlähmung) Polioviren (3 Typen)	**Meningitis** mit Kopfschmerzen, Nackensteifigkeit, Muskelschwäche, Schlafsucht. **Lähmungen** verschiedener Muskelgruppen	Übertragung durch Schmierinfektion (fäkal-oral), sehr ansteckend, Erreger werden mit dem Stuhl ausgeschieden, Erkrankung in jedem Lebensalter möglich! **Impfung mit IPV (inaktivierte Polioviren)**
Frühsommer-Meningoenzephalitis (FSME) FSME-Virus	Zunächst Beschwerden wie bei einer „Sommergrippe", dann nach beschwerdefreien Intervall von 8-14 Tagen hohes Fieber , **Enzephalitis** mit Kopfschmerzen, Erbrechen, Schwindel, Lähmungen, Bewusstseinsstörungen	Übertragung durch infizierte Zecken in Endemiegebieten. (Übertragungsrisiko 1:500 – 1:1000 je Zeckenbiss) **Schutz durch entsprechende Kleidung!** Impfung
Lyme-Borreliose Borrelia burgdorferi (Spirochäten)	**Im Frühstadium:** **Erythem** (Erythema migrans) an der Bissstelle (zentrifugale Größenzunahme) Begleitsymptome wie Müdigkeit, Myalgie, Kopfschmerzen, Gelenkbeschwerden **Im Spätstadium:** Meningitis Periphere Neuropathie Arthritis **Neuroborreliose mit Befall des ZNS nach 1,5 –15 Jahren!!**	Übertragung durch Zeckenbiss (10-30% infiziert) Antibiotische Behandlung, **keine Impfung möglich!**
Vorgehen bei Zeckenbiss:	▪ Frühzeitige Entfernung der Zecke (herausdrehen) ▪ Zecke nicht mit Öl, Klebstoff etc. ersticken ▪ Der in der Wunde verbliebene Zeckenkopf ist nicht infektiös und kann mit spitzer Pinzette entfernt werden.	Zeckenpinzette verwenden, Zeckenkörper nicht quetschen!
Keuchhusten (Pertussis) Bordetella pertussis (gramnegatives Bakterium)		Tröpfcheninfektion

	Stadium 1: (1-2 Wo)	Schnupfen, Konjunktivitis, Heiserkeit, uncharakteristischer Husten
	Stadium 2: (4-6Wo)	Hustenanfälle vor allem nachts, danach langgezogene, juchzende Inspiration (Keuchen), Erbrechen glasigen Schleims, Erschöpfung
	Stadium 3: (6-10 Wo)	Husten seltener, evtl. Ausbildung eines „Tic"
	Komplikationen:	Pneumonie, Apnoe-Attacken, Krampfanfälle
		Impfung (Kombinationsimpfstoff)
Scharlach (Streptokokken-Angina)	▪ Geschwollene Tonsillen mit stippchenförmigen, wegwischbaren Belägen ▪ „scharlachroter „ Ausschlag (Enanthem) am weichen Gaumen ▪ Schluckbeschwerden ▪ Fieber ▪ Himbeerzunge ▪ Feinfleckiges Exanthem	Tröpfcheninfektion Inkubationszeit: 2-4 Tage Zur Diagnostik: **Streptokokken-Schnelltest** **Folgeerkrankung** (bei Nichtbehandlung): Endokarditis, Glomerulonephritis, rheumatisches Fieber Die Krankheit erzeugt keine Immunität. **Eine Impfung gibt es nicht!**
Diphtherie Corynebakterien	▪ Lokale, benigne Rachendiphtherie mit entzündeten Tonsillen und fest haftenden grau-weißen Belägen ▪ Fieber, Schluckbeschwerden ▪ Schwellung der Halslymphknoten	Tröpfcheninfektion Inkubationszeit 2-5 Tage Komplikationen: ▪ Larynxdiphtherie mit bellendem Husten **(„echter" Krupp)** ▪ Nasendiphtherie mit blutigem Schnupfen ▪ Myokarditis **Impfung:** meist kombiniert mit Tetanus. Bis zum 6. LJ mit Kinderimpfstoff „DT" danach mit Erwachsenenimpfstoff „Td"
Tetanus (Wundstarrkrampf) Clostidium tetani (anaerobes, sporenbildendes Bakterium)	Bakterien erzeugen ein Gift (Toxin) das die Symptome verursacht. Verkrampfung der Kiefer/Zungenmuskulatur Übergreifen auf die Muskulatur des Ösophagus, des Rumpfes und der Atmung.	Schmierinfektion (Erde) über Wunden Inkubationszeit: 3-21 Tage Hohe Sterblichkeit. Tod durch Ersticken! **Impfung:** Totimpfstoff (Toxoid)

		Zur Grundimmunisierung 3 Injektionen. Auffrischimpfung nach 1 Jahr, dann alle 10 Jahre.
Virushepatitis	Abgeschlagenheit, Übelkeit, wenig Appetit, evtl. Oberbauchschmerzen, Ikterus, brauner Urin **Hepatitis A:** **Hepatitis B:** **Hepatitis C:**	 Übertragung vorwiegend fäkal-oral. z.B. Schalentiere (Reiseerkrankung).Inkubation 2-6 Wo. Heilt ohne Folgen ab. **Kein chronischer Verlauf**. Impfung Übertragung parenteral durch Blut, Körpersäfte. Inkubation 2-6 Mo.10% chronisch, nach 10-20 J evtl Leberzirrhose, Leberzellkarzinom. Impfung Wie Hepatitis B, keine **Impfung möglich!**
Erkrankungen durch Protozoen	1. **Toxoplasmose** (Toxoplasma gondii) Erkrankung verläuft meist harmlos und symptomarm: Lymphknoten-schwellungen, Abgeschlagenheit 2. **Trichomoniasis** 3. **Amöbenruhr** (Amöben) 4. **Malaria** (Plasmodien)	Einzelliger Parasit, der im Erdreich weit verbreitet ist. Übertragung durch Katzenkot, Gartenerde, ungewaschenes Gemüse oder Salat, rohes Schweinefleisch. **Infektion in der Schwangerschaft kann zu Schäden an ZNS und Augen führen!** s. sexuell übertragbare Erkrankungen Durchfallerkrankung Durch Stechmücken übertragen . Schwere Fieberschübe, Thrombopenie, Blutungen

Lernfeld 4

Bei Diagnostik und Therapie der Erkrankungen des Bewegungsapparates assistieren

Richtungen im Raum

Kranial	Schädelwärts
Caudal	Steißwärts
Superior	Nach oben
Inferior	Nach unten
Medial	Zur Mitte
Lateral	Seitlich, zur Seite hin
Externus	Außen
Internus	Innen
Anterior	Vorne
Posterior	Hinten
Ventral	Zum Bauch hin
Dorsal	Zum Rücken hin
Profundus	Tief ,innerlich gelegen
Superficialis	Oberflächlich gelegen
Proximal	Körpernah
Distal	Körperfern
Radial	Zur Speiche hin
Ulnar	Zur Elle hin
Tibial	Zur Tibia hin
Fibular	Zur Fibula hin
Palmar/volar	Zur Hohlhand hin

Bewegungsrichtungen

Flexion	Beugung
Extension	Streckung
Abduktion	Vom Körper weg
Adduktion	Zum Körper hin
Rotation	Drehung, Kreiselung
Anteversion	Bewegung nach vorne
Retroversion	Bewegung nach hinten
Pronation	Handfläche/Fußsohle nach unten
Supination	Handfläche/Fußsohle nach oben

Aktiver und passiver Bewegungsapparat

Körper:	**1. Stamm**	▪ Caput ▪ Collum ▪ Truncus: ⇒ Thorax ⇒ Abdomen ⇒ Pelvis
	2. 4 Extremitäten	Arme und Beine
Aufgaben der Knochen:	1. Gerüstwerk des Körpers 2. Bestimmt Form u. Ausmaß des Körpers 3. Ansatz u. Ursprung der Muskeln . 4. Ermöglichen Bewegung. 5. Schützende Hülle für Organe. 6. Mineralspeicher 7. Ort der Blutbildung.	
Aufbau des Knochens:	1. Periost 2. Knochensubstanz: Einteilung in : 3. Knochenmark:	Schutz, Blutgefäße, Nerven - **substantia compacta** - **substantia spongiosa** ▪ Epiphyse ▪ Diaphyse ▪ Metaphyse Rot, gelb.
Die Knochenentwicklung:	▪ Desmale Ossifikation ▪ Chondrale Ossifikation	Aus Vorstufe Bindegewebe (z.B. Schädelknochen) Über Vorstufe Knorpel
Die Verbindung zweier Knochen:	**1. Haft (Junctura)** **2. Gelenk (Articulatio)** **Formen der Knochenhaft:**	 ▪ Bandhaft = **Syndesmose** ▪ Knorpelhaft = **Synchondrose** ▪ Knochenhaft = **Synostose**
Aufbau eines Gelenks:	▪ Gelenkkörper ▪ **Gelenkkapsel** ▪ Gelenkhöhle/spalt ▪ Gelenkschmiere (Synovia) ▪ Schleimbeutel	

	Gelenkformen: ▪ Kugelgelenk ▪ Eigelenk ▪ Scharniergelenk ▪ Drehgelenk (Rad/Zapfen) ▪ Sattelgelenk	**Beispiele:** Schulter, Hüfte Prox. Handgelenk Ellenbogengelenk Radioulnargelenk Daumenwurzelgelenk
Die Skelettmuskulatur	45% der Körpermasse	
	4 Grundeigenschaften:	▪ Erregbar ▪ Kontraktil ▪ Dehnbar ▪ Elastisch
	Aufgaben:	1. Dynamische Arbeit 2. Statische Arbeit 3. Körperwärme 4. Blutzirkulation (Muskelpumpe) 5. Speicherung von Energie 6. Schutzfunktion
	Wir unterscheiden:	▪ Muskelursprung ▪ Muskelansatz ▪ Synergisten ▪ Antagonisten
	Hilfseinrichtungen:	▪ Sehnen/Sehnen-scheiden ▪ Muskelfaszien ▪ Schleimbeutel
	Energiebereitstellung:	**ATP ⇨ ADP + P + E**

Das menschliche Skelett

Schädel (Cranium)	**Gehirnschädel**	Os: ▪ frontale ▪ parietale ▪ occipitale ▪ temporale ▪ sphenoidale
	Gesichtsschädel	OS: ▪ zygomaticum ▪ palatinum ▪ nasale ▪ lacrimale ▪ ethmoidale ▪ Maxilla ▪ Mandibula ▪ Vomer ▪ Untere Nasenmuschel
	Nebenhöhlen:	Sinus ▪ Frontalis ▪ Maxillaris ▪ Ethmoidalis ▪ Sphenoidalis
	Weitere Begriffe:	Kranznaht Große u. kleine Fontanelle Foramen magnum Orbita
	Kopfmuskulatur:	1. Mimische Muskulatur 2. Kaumuskulatur: M. masseter, M. temporalis 3. Zungenbeinmuskulatur
Die Wirbelsäule	33-34 Wirbel	▪ C1-C7 (Halswirbel) ▪ T1-T12 (Brustwirbel) ▪ L1-L5 (Lendenwirbel) ▪ 5 Kreuzwirbel = Kreuzbein (os sacrum) ▪ 4-5 Steißwirbel = Steißbein (os coccygis)
	Form:	Doppel-S: ▪ HWS-Lordose ▪ BWS-Kyphose ▪ LWS-Lordose

Aufbau eines Wirbels:	1. Wirbelkörper 2. Wirbelbogen 3. Dornfortsatz 4. Querfortsatz 5. Gelenkfortsätze	
	Die Bandscheibe: Hat keine Blutgefäße!! Ernährung durch Sog.	Scheibe aus Faserknorpel: ▪ Nucleus pulposus ▪ Anulus fibrosus
Gelenke der WS:	**1. Kleine Wirbelgelenke** Funktionell besteht die WS aus 25 Bewegungssegmenten, die wie ein Gelenk wirken: Vorderer Abschnitt = Bandscheibe; hinterer Abschnitt = Wirbelgelenk.	Verbinden die Gelenkfortsätze Schaukelbewegung auf dem Kern der WS.
	2. Das obere Kopfgelenk	Zwischen Hinterhaupt u. Atlas = Eigelenk.
	3. Das untere Kopfgelenk	Zwischen Atlas u. Axis = Drehgelenk.
	4. Das Sakro-iliacal-Gelenk:	Straffes Gelenk zwischen Kreuzbein u. Becken.
	Bewegungen der WS:	▪ Inklination (Vorbeugung) - Reklination (Rückbeugung) ▪ Drehung um die Längsachse ▪ Seitbeugung
Der Brustkorb	1. Sternum 2. 12 Rippenpaare (costae) 3. Brustwirbelsäule (BWS)	Die Rippen stehen mit je 2 Gelenken mit dem Wirbel in Verbindung. Das 8. 9. u.10. Rippenpaar bildet mit seinem Knorpel den **Rippenbogen.** 11. u. 12. Rippe enden frei.
Rumpfmuskulatur	**1. Atemmuskeln:** ▪ Interkostalmuskeln ▪ Zwerchfell = **Diaphragma**	 Innere = Rippensenker (Exspiration) Äußere = Rippenheber (Inspiration) **Inspiration senkt, Exspiration hebt es.**

		3 **Öffnungen:** ▪ Hiatus aorticus ▪ Hiatus ösophageus ▪ Foramen venae cavae.
	2. Bauchmuskeln: ▪ vordere Bauchmuskeln:	▪ innerer schräger ▪ äußerer schräger ▪ querer ▪ gerader BM.
	▪ tiefe Bauchmuskeln:	▪ Viereckiger Lendenmuskel (Seitbeuger) ▪ Hüft – Lendenmuskel (M.iliopsoas = Hüftbeuger)
	2. Rückenmuskeln: ▪ Tiefe oder echte Rückenmuskel: ▪ Oberflächliche Muskeln:	M. erector spinae (trunci) Breiter Rückenmuskel (M.latissimus dorsi) Kapuzenmuskel (M. trapezius)
Ober Gliedmaßen	**1. Schultergürtel**	▪ Clavicula ▪ Scapula
	2. Schultergelenk:	Kugelgelenk. Pfanne = scapula. Kopf = Humerus.
	3. Obere Extremität:	▪ Humerus ▪ Radius / Ulna ▪ Manus ▪ Ellebogengelenk ▪ Handgelenke.
	Das Ellenbogengelenk:	Verbindung Humerus – Ulna (Scharniergelenk) Verb. Ulna – Radius (Zapfengelenk).
	Die Hand (manus): ▪ **Handwurzel** ▪ **Mittelhand** ▪ **Finger**	 **Carpus** **Metacarpus** **Digiti (Fingerglieder = Phalangen)**

	Handwurzelknochen:	8 in 2 Reihen Bilden ein Gewölbe, das durch das quere Handwurzelband gehalten wird. Darunter verlaufen die Beugesehnen der Finger, Nerven und Gefäße **(Carpaltunnel)**
	Das Handgelenk: ▪ **Prox. Handgelenk:** ▪ **Distales Handgelenk:**	 Eigelenk zwischen Ulna/Radius u. Handwurzelknochen 1-4. Zwischen proximaler u. distaler Reihe
	Fingergelenke: ▪ Grundgelenke ▪ Mittel – u. Endgelenke	 Kugelgelenke (Bänder!) Scharniergelenke
Beckengürtel und untere Extremität	**Pelvis**	2 Hüftbeine und das Kreuzbein.
	Das **Hüftbein** besteht aus: **Symphysis pubica** =	▪ Darmbein = **os ilium** ▪ Sitzbein = **os ischii** ▪ Schambein = **os pubis.** Schambeinfuge
	Das Hüftgelenk: **Gelenkkopf:** **Gelenkpfanne:**	Kugelgelenk Femurkopf Gebildet von den 3 Knochen des Hüftbeins!
	Kollodiaphysenwinkel:	126°
	Trochanter major	Großer Rollhügel
	Trochanter minor	Kleiner Rollhügel
	Das Kniegelenk:	Dreh –**Scharniergelenk**
	Femur / Tibia /Fibula.	Menisken (lateral u. medial)
	Seitenbänder	Bei gestreckten Knie gespannt.
	Kreuzbänder	Vorderes u. hinteres. Überkreuzen sich im Innern des Gelenkes. Dienen der

		Stabilisierung bei Drehbewegungen bei erschlafften Seitenbändern.
	Genu valgum	X – Bein
	Genu varum	O – Bein
Das Fußskelett	**Fußwurzel**	**Tarsus**
	Mittelfuß	**Metatarsus**
	Zehen	**Digiti**
	Der Tarsus besteht aus:	Sprungbein = **Talus** Fersenbein = **Calcaneus** Kahnbein = **os naviculare** Würfelbein = **(os cuboideum)** 3 Keilbeine
	Fußgelenke: ▪ **Das obere SPG** ▪ **Das untere SPG** ▪ **Zehengelenke**	Zwischen Tibia/Fibula und Talus (**Malleolengabel)** = Scharniergelenk Zwischen Talus, Calcaneus und os naviculare **(Pronation u. Supination)**

Übersicht über die Muskeln des Menschen

Muskel	Ursprung	Ansatz	Funktion
Großer Brustmuskel	Vorderer Thorax	Oberarm	Anteversion, Adduktion, Innenrotation
Kleiner Brustmuskel	3.-5. Rippe	Rabenschnabelfort-satz	Zieht scapula u. Arm nach vorne u. unten.
Vorderer Sägemuskel	1.-9. Rippe	Scapula	Elevation des Armes über die Horizontale, Atemhilfsmuskel
Kapuzenmuskel (trapezius)	Rautenförmig von WS	Scapula	Zieht scapula nach oben, hinten u. unten
Breiter Rückenmuskel (latissimus dorsi)	Becken, LWS	Oberarm	Zieht den Arm nach hinten u. unten, Innenrotation
Deltamuskel (deltoideus)	Scapula, Clavicula	Oberarm	Abduktion des Armes, Zusammenhalt des Schultergelenkes
Kopfwender (sternocleidomasto-ideus)	Sternum, Clavicula	Schläfenbein, Mastoid	Drehen des Gesichtes zur anderen Seite
Zweiköpfiger Oberarmmuskel (biceps)	2x scapula	Prox. Radius	Beugung u. Supination im Ellenbogengelenk
Armbeuger (brachialis)	Humerus	Ulna	Wie biceps
Dreiköpfiger Oberarmmuskel (triceps)	Scapula, Oberarm dorsal	Olecranon (Ellenbogen)	Armstrecker
Muskeln die auf Handgelenk u. Finger wirken: **Flexoren:** **Extensoren:**	Unterarm: Palmare Seite Dorsale Seite	Handskelett	Beugung u. Streckung der Finger u. des Handgelenks
Hüft-Lendenmuskel (iliopsoas)	LWS	Trochanter minor	Hüftbeuger
Großer Gesäßmuskel (gluteus max.)	Darmbein	Femur u. seitl. Sehnenplatte	Strecken im Hüftgelenk
Adduktorenmuskeln (5) z.B. M. gracilis	Sitz- u. Schambein	Femur- Innenseite, prox. Tibia	Adduktion im Hüftgelenk

Vierköpfiger Schenkelstrecker (quadrizeps femoris)	Darmbein, Femur	Prox. Tibia, Patella	Streckung im Kniegelenk
Schneidermuskel (sartorius)	Vorderer Darmbeinstachel	Tibia	Beugung im Hüft- u. Kniegelenk
Zweiköpfiger Schenkelmuskel	Sitzbein, Femur dorsal	Fibula	Beugung im Kniegelenk
Halbsehnen- u. Plattsehnenmuskel	Sitzbein	Tibia medial	Beugung u. Innenrotation im Kniegelenk
Dreiköpfiger Wadenmuskel (trizeps surae = soleus +gastrocnemius	Dist. Femur u. prox. Tibia/fibula	Achillessehne u. Fersenbein	Beugung im Knie, Plantarflexion des Fußes (Zehenspitzenstand)
Zehenstrecker	Tibia/Fibula vorne	Fußskelett	Extension der Zehen +SPG
Zehenbeuger	Tibia/Fibula hinten	Fußskelett	Flexion der Zehen + SPG

Fachausdrücke Bewegungsapparat

Arthralgie	Gelenkschmerzen ohne Entzündung
Arthrodese	Operative Gelenkversteifung
Chronische Polyarthritis	Chronische rheumatische - entzündliche Erkrankung mit symmetrischen Befall von Gelenken und umgebenden Strukturen
Coxarthrose	Hüftgelenksverschleiß
Distorsion	Verdrehung, Verstauchung, Zerrung
Epicodylitis humeri	Tennisarm
Fraktur	Knochenbruch
Gonarthrose	Kniegelenksverschleiß
Grünholzfraktur	Fraktur bei erhaltenem Periost
Halux valgus	Abknickung der Großzehe nach lateral
Hüftdysplasie	Hüftfehlbildung
Kallus	Neu gebildeter Knochen an einer Bruchstelle
Kontusion	Prellung
Luxation	Verrenkung
Myalgie	Muskelschmerzen
Myogelose	Muskelverhärtung
Omarthrose	Schultergelenksverschleiß
Osteophyt	Knochenneubildung in Form von Spangen, Höckern, Randwülsten
Rhizarthrose	Arthrose des Daumensattelgelenks
Spondylarthrose	Arthrose der kleinen Wirbelgelenke
Tendovaginitis	Sehnenscheidenentzündung

Erkrankungen des Bewegungsapparates (Beispiele)

Degenerative Gelenkerkrankungen	**Arthrose:** Gelenkverschleiß, Abnutzung mit primären Knorpelschaden. Ursache: Mechanische Fehl-Überlastung, Verletzungen, Alterungsvorgänge, erbliche Faktoren.	Befunde: Gelenkspaltverschmälerung, Deformierung, Osteophyten, Reiben der Gelenkflächen Symptome: Ruhe und Bewegungsschmerz, Fehlstellung Bewegungseinschränkung,
Entzündliche Gelenkerkrankungen	**Arthritis:** Gelenkentzündung Ursache: degenerativ, infektiös, stoffwechselbedingt, immunologisch. Verlauf akut oder chronisch!	Symptome: die 5 Kardinalsymptome der Entzündung, Schmerzen, Bewegungseinschränkung
Wirbelsäulenerkrankungen	**Lumbago:** auch Lumbalgie Plötzlich auftretende Schmerzen und Bewegungseinschränkung im Lendenwirbelbereich **(= Hexenschuss)**	Symptome: Verkrampfung der Rückenmuskulatur, Zwangshaltung, eingeschränkte Beweglichkeit Bei ausstrahlenden Schmerzen in den Bereich des Ischiasnerven spricht man von **Lumboischialgie**
	Bandscheibenvorfall: (Prolaps) Ursache: Bei vorbestehender Bandscheibendegeneration kommt es bei Überlastung zum Zerreißen des Faserrings und zum Austritt des Gallertkerns der auf die Nervenwurzel drückt	Symptome: Ausstrahlende Schmerzen, Gefühlsstörungen **(Parästhesien)** evtl. Muskellähmungen.
Knochenerkrankungen	**Osteoporose:** Durch ein Überwiegen des Knochenabbaus gegenüber dem Aufbau nehmen Knochensubstanz und Knochenfestigkeit ab. Die Knochenstruktur bleibt erhalten.	Symptome: Schmerzen, Rundrücken, Abnahme der Körpergröße, Fischwirbel, Frakturen Diagnose: Knochendichtemessung **(Osteodensitometrie)** Therapie: Calcium, Vitamin D, Bewegung, Ernährung

	<u>Ursache:</u> ▪ Inaktivität ▪ Postmenopause ▪ Hohes Alter ▪ Fehlernährung (Vit. D, Calcium, Eiweiß) ▪ Cortison ▪ Genussmittel wie Kaffe, Cola, Nikotin ▪ Hormonelle Erkrankungen	
	Rachitis (auch englische Krankheit) Vitamin D Mangel beim Kind mit Störung des Wachstums und Verformung des Skeletts, das nicht genügend Calcium einlagern kann	<u>Symptome:</u> Weiche Schädelknochen, verzögertes Längenwachstum, O-Beine, Trichterbrust, Skoliose <u>Prophylaxe:</u> 500I.E. Vitamin D als Tablette in den ersten beiden Lebensjahren bevorzugt auch in Kombination mit Fluor zur Kariesprophylaxe z.B. D-Fluoretten 500.
Gicht (arthritis urica)	<u>Ursache:</u> Störung des Harnsäurestoffwechsels mit Hyperuricämie und Ablagerung von Uratkristallen in den Geweben (Gelenkkapseln, Sehnen, Bänder)	<u>Symptome:</u> Gelenkentzündung, Schmerzen, Gichtknoten, irreversible Gelenkschäden, Nierensteine

Ärztliche Untersuchung/Assistenz in der Praxis

Anamnese	Eigen-, Fremd-, Sozial- Familien- u. Sexualanamnese	
Allgemeine Körperliche Untersuchung:	**Inspektion:** **Palpation:** **Perkussion:** **Auskultation:** Hilfsmittel:	Betrachten Abtasten Abklopfen Abhorchen Stethoskop, Otoskop, Ophthalmoskop, Blutdruckmessgerät, Spatel, Leuchte, Maßband, Waage
	Das Körpergewicht: **Normalgewicht nach Broca:**	 Körpergröße in cm minus 100
	Body-Mass-Index (BMI):	KGW (kg)/Größe (m)² Norm Mann: 20-25 Norm Frau: 19-24 Übergewicht: 25-29,9 **Adipositas (Fettsucht): >30** Untergewicht: <18
	Die Körpertemperatur: Rektal, axillar, oral, Gehörgang.	 Subfebril: 37,5-38 Grad C Mäßiges F.: 38-39 Hohes F.: 39-40 Sehr hohes F.: über 40 Grad
	Pulsmessung: Art. Radialis. Im Notfall A. carotis. Mit 2 Fingern 15 sec. lang x4	Norm Erw.: 60-80/ min. Säugling: 120-140/ min. **Tachycardie:** über 100 **Bradycardie:** unter 50/ min. Max. Puls (Faustregel): 220 minus Lebensalter.
	Blutdruckmessung: Methode nach ***Riva Rocci*** (RR)	Der Beginn der **Korotkow-Geräusche** kennzeichnet den oberen systlolischen, das Verschwinden derselben den unteren diastolischen Wert. Normwerte s. Tabelle
Rektale Untersuchung:	Untersucht wird:	Analbereich u. Mastdarm Prostata, Uterus/Adnexe Haut.
	Lage des Patienten:	Seitenlage/Steinschnittlage/ Knie-Ellenbogenlage

	Pathologische Befunde:	▪ Blut am Finger ▪ Hämorrhoiden ▪ Fissur, Fistel, Abszeß. ▪ Prostataadenom/Ca ▪ Rektum-TU ▪ Analprolaps ▪ Veränderungen an der Portio
Injektionen:	1. Intracutan 2. Subcutan (s.c.) 3. Intramuskulär (i.m.) 4. Intravenös (i.v.)	z.B. Allergiediagnostik z.B. Insulin, Impfung, Lokalanästhesie. Nach **Hochstetter!! Aspiration!! Marcumar!!** Gefahren: Hämatom, Abszeß, Schädigung des N. ischiadicus, i.v.-Injektion! Nekrose

Blutdruckmessung:

(Normalwerte und pathologische Werte):

Hypotonie	**< 100/60**
Optimal	**<120/80**
Normal	**< 140/90**
Hypertonie Grad 1 Bleichte sog. Grenzwerthypertonie	**140-159/90-99**
Hypertonie Grad 2 = mittelschwere Hypertonie	**160-179/100-109**
Hypertonie Grad 3 = schwere Hypertonie	**>180/110**
Säugling	**90/60**
Kleinkind	**95/65**
Schulkind	**105/70**

Praktisches Vorgehen:

- 5 Minuten Ruhe.
- Einengende Kleidung entfernen.
- Richtige Manschettenbreite wählen. (Standard: 13 cm breit). Spezialmanschette für Kinder und dicke Oberarme. Ist die Manschette zu breit misst man zu niedrige ist sie zu schmal zu hohe Werte!
- Manschette eng anliegend am Oberarm in Herzhöhe 2,5 cm oberhalb der Ellenbeuge anlegen.
- Manschette übersystolisch (20-30 mmHg) aufpumpen. (Radialispuls tasten!)
- Druck langsam ablassen (2-3mm/sec)
- Messung mindesten einmal beidseitig.(höherer Druck ist der „richtige")
- Mindestens 2 unabhängige Messungen.
- Zwischen 2 Messungen 1 Minute Pause.
- Nicht bei voller Harnblase!
- „Weißkitteleffekt" beachten.

Messgerät regelmäßig auf Funktionsfähigkeit überprüfen! Eichung alle 2 Jahre!!

Röntgen

Entstehung von Röntgenstrahlen :	Schnelle Elektronen werden durch ein Hindernis abrupt abgebremst.	Die kinetische Energie wandelt sich um in Wärme und **elektromagnetische Strahlung = Röntgenstrahlung!**
Eigenschaften der Röntgenstrahlen:	1. Sie sind unsichtbar. 2. Sie breiten sich geradlinig und mit Lichtgeschwindigkeit aus: 3. Sie sind nicht an Materie gebunden. 4. Sie besitzen eine hohe Energie. 5. Sie können bestimmte Stoffe zum Leuchten anregen. 6. Sie können fotografische Filme belichten. 7. Sie ionisieren Gase und machen sie elektrisch leitend.	 300000 km/sec Ausbreitung auch im Vakuum! Hohes Durchdringungs-Vermögen Fluoreszenz
Biologische Wirkung:	1. Sie zerstören Gewebe 2. Sie hemmen die Zellvermehrung. 3. Sie wirken keimschädigend (Erbgut!). 4. Sie können Krebs erzeugen! 5. Sie können Krebs bekämpfen.	Rö-Krebs-Bestrahlung
Die Röntgenanlage: (s. Abbildung)	1. Röntgenröhre 2. Generator 3. Schaltpult	
	Regelung der Strahlenqualität:	Je höher die angelegte Hochspannung an der Röhre, um so höher die Geschwindigkeit der Elektronen, um so energiereicher (härter) die erzeugte Rö-Strahlung **Weiche Strahlung:** 20 - 60 Kilovolt (KV) **Harte Strahlung:** 100 – 250 KV

	Regelung der Strahlenquantität:	Die Stärke des an die Kathode angelegten Heizstromes bestimmt die Menge der austretenden Elektronen. = **Stärke des Röhrenstromes** (mA = Milliampere) .
Röntgenbilderzeugung:	Röntgenfilme enthalten **Silberverbindungen** (AgBr, AgCl)	Durch die **Belichtung** wird das Silber herausgelöst = **Schwärzung!** Die nachfolgende **Entwicklung** verstärkt die Silberbildung um das 1-100 millionenfache und erzeugt das sichtbare Bild!
	Das menschliche Gewebe ist für Rö-Strahlen unterschiedlich durchlässig: ▪ Lufthaltige Organe lassen die Strahlen fast ungehindert durch. ▪ Dichte Gewebe absorbieren einen großen Teil der Strahlung	z.B. Lunge starke Schwärzung. z.B. Knochen geringe Schwärzung.
Durchleuchtung:	Röntgenuntersuchung vor einem **Leuchtschirm.**	Die Rö-Strahlen bringen den mit fluoreszierenden Stoffen beschichteten Schirm zum leuchten.
	<u>Vorteil:</u>	Direkte Beobachtung von Organveränderungen, Bewegungsabläufen, Kontrastmittel.
	<u>Nachteil:</u>	▪ Hohe Strahlenbelastung ▪ Geringer Informationsgehalt des Bildes.
	Heute ersetzt durch die **Röntgenbild-Verstärker-Fernsehdurchleuchtung = Röntgenfernsehen.**	<u>Vorteil:</u> ▪ Geringe Strahlenbelastung ▪ Hoher Informationsgehalt.
Rö-Untersuchung mit Kontrastmittel:	Zur besseren Darstellung von Hohlorganen und Gefäßen kann Rö-Kontrastmittel in diese eingebracht werden.	<u>z.B.</u> ▪ Bariumsulfat-Brei bei Magen-Darm Untersuchungen ▪ Angiografin bei Gefäßdarstellungen.

	Vorteil: ▪ Direkte Betrachtung während das Kontrastmittel einläuft. ▪ Funktionsbeurteilung des Organs. ▪ Beurteilung der Schleimhaut (Doppelkontrast) ▪ Zielaufnahmen.	Beispiele: ▪ Magen-Darm-Passage (MDP) ▪ Kontrasteinlauf (KE) ▪ iv-Galle ▪ iv-Pyelogramm (Darstellung des Nierenkelchsystems) ▪ Angiographie ▪ Phlebographie ▪ Arthrographie.
Unterschied Rö-Bild-Durchleuchtung:	**Rö-Bild:**	**Durchleuchtung:**
Knochen:	hell	dunkel
Lufthaltige Gewebe:	dunkel bis schwarz	hell
Weichteile:	mittel	mittel
Schichtaufnahmen (Tomographie):	▪ Konventionell ▪ Computertomographie ▪ Magnetresonanztomographie (MRT)	Kaum noch üblich Röntgenschichtbilder = Kernspin-Tomographie. (keine Rö-Strahlen!!)
Strahlenschäden:	Ausmaß und Art der Schäden sind von folgenden Faktoren abhängig:	1. Größe des bestrahlten Feldes 2. Dosis 3. Zeit der Bestrahlung 4. Empfindlichkeit des Gewebes (Knochenmark und Keimdrüsen sind besonders empfindlich!)
	Wir unterscheiden:	▪ **Genetische Schäden:** Erbgutschäden, Infertilität. ▪ **Somatische Schäden:** z.B. Hautrötung, Verbrennung, Hautkrebs, Leukämie. ▪ **Schäden des Immunsystems:** Infektanfälligkeit, Abwehrschwäche.
Strahlenschutz:	Schutz von Patienten und Personal vor Strahlenschäden.	
	Für den Patienten bedeutet dies:	▪ Rö-Untersuchung nur wenn unbedingt notwendig (**strenge Indikationsstellung**) ▪ **Strahlendosis** so gering wie möglich

		▪ Bestrahlungsfeld so klein als möglich **(Einblenden!!)** ▪ **Gonadenschutz!** ▪ Röntgenpaß
	Für das Personal bedeutet dies:	▪ **Abstand halten!!** Die Strahlenintensität nimmt im Quadrat der Entfernung ab. ▪ **Schutzkleidung tragen!** (z.B. Bleischürze) ▪ **Überwachung** der Strahlendosis (Dosimeter, Filmplakette)
	Dosimeter: Wir unterscheiden: 1. Stab- oder Füllhalterdosimeter Messung der **Ionendosis** und daraus Berechnung der **Energiedosis** die der Körper aufnimmt. 2. Filmdosimeter	Unter der Einwirkung der Rö-Strahlen wird die Luft ionisiert und damit elektrisch leitend: Negativ geladene Elektronen werden aus den Atomen herausgelöst u. wandern im elektrischen Feld (im Dosimeter) zur positiven Anode. Die positiven Ionen wandern zur negativen Kathode.
	Auswertung alle 4 Wochen von besonderen Überwachungsstellen! Die Filmplakette ist **unter** der Bleischürze **rumpfnah** zu tragen!! Stabdosimeter auf Wunsch des Überwachten. Kann täglich abgelesen werden	Die Meßergebnisse müssen 30 Jahre aufbewahrt werden. Rö-Aufnahmen werden 10 Jahre, Aufzeichnungen über Rö-Behandlungen 30 Jahre aufbewahrt.
Bestimmungen der Röntgenverordnung:	**Kontrollbereich:**	Bereich mit > 15 Millisievert Äquivalenzdosis /Jahr **„Kein Zutritt Röntgen"**
	Überwachungsbereich:	Außerhalb des Kontrollbereichs. (> 5 mSv/a)

	Zutritt zum Kontrollbereich: **Auszubildende** haben nur zu Ausbildungszwecken und unter ständiger Aufsicht und Anleitung eines fachkundigen Arztes Zutritt .	▪ Während der Rö-Untersuchung haben nur der Arzt und die Helferin Zutritt. Dies gilt nicht für: ▪ Schwangere ▪ Personen < 18 Jahren
	Belehrung des Personals:	▪ Regelmäßig alle 6 Monate ▪ Helferin muß Protokoll unterschreiben. ▪ Aufbewahrung 5 J.
Weitere Diagnoseverfahren:	▪ **Kernspintomographie = Magnetresonanz-tomographie (MRT)**	Untersuchung **ohne** Röntgenstrahlen (Magnetfelder)
	▪ **Szintigraphie**	Dem Patienten werden schwach radioaktive Substanzen gespritzt (Isotope) Sie reichern sich in bestimmten Organen an (Leber, Knochen, Schilddrüse, Lunge etc.)ihre Verteilung wird anhand der von ihnen ausgestrahlten Gammastrahlen registriert und in ein farbiges Strichrasterbild umgewandelt. Auch die Funktion des Organs kann beurteilt werden.
	▪ **Osteodensitometrie**	Knochendichtemessung
	▪ **Elektromyographie**	Aufzeichnung der elektrischen Impulse des Muskels mit Hilfe von Nadelelektroden

Arzneimittelkunde.

Arzneistoffe sind :	**Wirkstoffe zur:**	• Vorbeugung • Linderung • Heilung • Erkennung von Krankheiten
Wirkstoffe sind:	Substanzen pflanzlicher, tierischer oder chemischer Herkunft mit:	**Biologischer Wirkung.**
Arzneimittel sind:	Zubereitungsformen von Arzneistoffen zur Anwendung bei Mensch und Tier.	
Herkunft der Arzneimittelwirkstoffe:	▪ Pflanzen: ▪ Tiere: ▪ Mineralien: ▪ Mensch: ▪ Synthetisch: ▪ Gentechnik:	Baldrian, Digitalis, Johanniskraut Hormone, Salben Magnesium, Calcium, Schwefel, Fango, Blut, Antiserum (Tetagam) Aspirin, Schlafmittel, Antibiotika Insulin, Impfstoffe
Häufig auftretende Nebenwirkungen:	▪ Magen-Darmstörungen	Übelkeit, Erbrechen Diarrhö, Schmerzen, Blutungen z.B. bei Schmerzmitteln, Antibiotika
	▪ Herz-Kreislaufstörungen	Kollaps, Rhythmusstörungen, Herzinsuffizienz z.B. bei Herz-Kreislaufmitteln
	▪ Allergien	Exanthem, Schock, Asthma, Juckreiz
	▪ Psychische Störungen	Sucht, Schlafstörungen, Depressionen
	▪ Störungen des Knochenmarks	Anämie, Agranulozytose z.B. bei Zytostatika
	▪ Beeinträchtigung des Nervensystems	Lähmungen, Tremor, Schwindel, Müdigkeit Psychopharmaka!!
	▪ Schädigung des werdenden Kindes	Missbildungen, Wachstumsstörungen
Arzneimittelformen: (Darreichungsform)		
1. Feste Arzneimittelform:	**Tabletten**	Gepreßtes Pulver. Retard-Tablette (Verzögerte Wirkung)

	Kapseln	Pulverförmige, granulierte oder flüssige Arzneimittel in einer Umhüllung (z.B. Gelatine)
	Dragees	Tabletten mit Überzug (Zucker, Stärke, Fett)
	Granulat	Pulver in Kügelchen oder Körnchen gepreßt
	Suppositorium (Supp.)	Zäpfchen
2. Flüssige Arzneimittelform:	**Lösungen**	Feste und flüssige Stoffe in Flüssigkeit gelöst
	Emulsion	Mischung zweier ineinander nicht löslicher Flüssigkeiten (Öl/Wasser)
	Suspension	Aufschwemmung kleinster fester Partikel in einer Flüssigkeit
	Tinktur	Alkoholische Lösung
	Schüttelmixtur	Puder + Wasser =flüssiges Puder
3. Streichfähige Arzneimittelform:	**Salben**	Verstreichbare fetthaltige Zubereitung
	Creme	Wässerige Bestandteile überwiegen die Fette
	Gel	Fettfreie Grundlage
	Paste	Salbe mit hohem Pudergehalt
4. Gasförmige Arzneimittelform:	**Aerosol**	Künstlich vernebelte Medikamente
	Gase	z.B. Sauerstoff
Applikationsarten:	Applikation	= Verabreichung von Arzneimittelnmittel
1. Lokal:	▪ Kutan ▪ Intraartikulär ▪ Vaginal ▪ Lokalanästhesie ▪ okulär	
2. Enteral:	▪ Oral ▪ Rektal ▪ sublingual	Schlucken Umgehung des Pfortaderkreislaufs!
3. Parenteral:	▪ Injektion: ▪ Inhalation ▪ TTS	Subcutan, intramuskulär, intravenös Atemwege transdermales therapeutisches System (z.B. Hormon- oder Schmerzpflaster)

Injektionen:	1. Intracutan (i.c.) 2. Subcutan (s.c.) 3. Intramuskulär (i.m.) 4. Intravenös (i.v.)	z.B. Allergiediagnostik z.B. Insulin, Impfung Nach **Hochstetter! Aspiration! Marcumar!** Gefahren: Hämatom, Abszeß, i.v.-Injektion, Schädigung d. N. ischiadicus, Nekrose
Wirkweise v. Arzneimitteln:	1. **Systemische Wirkung:**	Wirkung auf den Gesamtorganismus
	2. **Lokale Wirkung**	Wirkt vorwiegend an der Stelle an der es verabreicht wird.
	Der Wirkungseintritt und die Wirkdauer sind abhängig von der Darreichungsform und der Applikationsart.	
Spezielle Gefahren durch Medikamente:	• Beeinträchtigung der Fahrtüchtigkeit	Psychopharmaka, Schlafmittel, Antihistaminika
	• Fruchtschädigende Wirkung in der Schwangerschaft	Mißbildungen (4.-8. Woche) Unterentwickelte Organe (8.-36. Woche) Evtl. Kindstod
	• Abhängigkeit/Sucht	Zerstörung der Persönlichkeit, Soziale Entwurzelung, Beschaffungskriminalität
Arzneimittelgruppen: (Auswahl):	▪ **Analgetika** ▪ **Antazida** ▪ **Antiemetika** ▪ **Antikoagulantien** ▪ **Antipyretika** ▪ **Antiphlogistika** ▪ **Antitussiva** ▪ **Diuretica** ▪ **Hypnotika** ▪ **Laxantien** ▪ **Kontrazeptiva** ▪ **Sedativa** ▪ **Spasmolytika**	Schmerzmittel Neutralisation der Magensäure Gegen Erbrechen, Übelkeit Hemmen die Blutgerinnung Fiebersenkende Mittel Entzündungshemmend Hustenstiller Fördern die Harnausscheidung Schlafmittel Abführmittel Empfängnisverhütende Mittel Beruhigende Mittel Krampflösende Mittel
Arzneimittelabhängigkeit:	▪ **Gewohnheitsbildung:**	Psychische Abhängigkeit
	▪ **Gewöhnung:**	Toleranzerhöhung
	▪ **Sucht:**	▪ Zwang zur Einnahme ▪ Tendenz die Dosis zu steigern

		▪ Psychische und physische Abhängigkeit ▪ Entzugserscheinungen ▪ Vergiftung, schädlich für den Einzelnen und/oder die Gesellschaft.
Arzneimittelverordnung:	Richtlinien des Bundesausschusses der Ärzte u. Krankenkassen	▪ Rezepte sorgfältig u. leserlich ausfüllen ▪ Untersuchung des Patienten ▪ Wirtschaftlichkeit! ▪ Versorgung nach den Regeln der ärztlichen Kunst, zweckmäßig u. ausreichend
Ausgeschlossene Arzneimittel:		**Ausnahmen:**
	Erkältungskrankheiten (Befindlichkeitsstörungen)	Keine
	Mund- u. Rachentherapeutika	Pilzinfektion, Ulcerationen, Z.n. OP.
	Abführmittel	Querschnittlähmung, MS, Darmkrebs, Dialyse, Z.n. Infarkt.
	Reisekrankheiten	Keine
	Negativliste/Löschliste	
	Vitamine	Mangel, Neuropathie, Osteoporose, Blutungsprophylaxe
	Mineralstoffe	Mangel, Osteoporose, Kariesprophylaxe
	Appetitzügler, Abmagerungsmittel	keine
	Mittel zur Raucherentwöhnung	Keine
	Mittel, die keine Arzneimittel sind	z.B. Genussmittel, Mittel zur Körperpflege, Diätpräparate...
	Grundsätzlich sind nicht rezeptpflichtige Arzneimittel nicht mehr verordnungsfähig! (Ausnahmen s.o.)	
Betäubungsmittelverschreibungsverordnung (BTMVV):	Verordnung wann?	Wenn Ziel mit anderen Mitteln nicht erreichbar.
	Welche BTM?	Offizielle Liste
	Welche Mengen?	**Verschreibungshöchstmenge pro Rezept innerhalb von 30 Tagen** gesetzlich festgelegt!

		Bis zu 2 verschiedene BTM auf ein Rezept möglich.
	<u>Verschreibung:</u> Genaue Gebrauchsanweisung (Einnahmevorschrift für den Patienten) muss auf dem Rezept angegeben sein. Alternativ der Vermerk :"Gemäß schriftlicher Anweisung" **„A"-Rezept:** (<u>**A**</u>usnahme- Verschreibung) **„N"-Rezept:** (<u>**N**</u>achgereichtes Rezept)	BTM-Rezept (3-teilig) gelb Codiernummer! Blatt 1 =Teil II für die Apotheke zur Verrechnung Blatt 2 = Teil III für den Arzt Blatt 3 =Teil I zum Verbleib in der Apotheke Aufbewahrung 3 Jahre Wenn im begründeten Einzelfall von der Zahl der zulässigen BTM abgewichen wird bzw. mehr als die zulässige Höchstmenge verschrieben wird muss das Rezept zusätzlich mit dem Buchstaben **„A"** gekennzeichnet werden! Im Notfall kann ein BTM auf einem normalen Rezept verschrieben werden. Das Rezept ist mit **„Notfall-Verschreibung"** zu kennzeichnen! Ein gleichlautendes BTM- Rezept ist unverzüglich nachzurcichen. Diescs Rezept ist mit dem Buchstaben **„N"** zu versehen. Auf dieses Rezept darf keine erneute BTM- Abgabe erfolgen!!
	Für den PC	2 Wochenbedarf, Vorrat für 1 Monat Amtliche Karteikarte!
Gültigkeitsdauer von Rezepten:	▪ Privatrezept: ▪ Regionalkasse: ▪ Ersatzkasse: ▪ BTM:	3 Monate 2 Monate 1 Monat **7 Tage**

Heilmittelverordnung:	Persönliche medizinische Leistungen (Hilfsberufe)	▪ Physikalische Therapie ▪ Sprachtherapie ▪ Ergotherapie ▪ Podologische Therapie (bei Fußschäden infolge Diabetes!)
	Heilmittelkatalog	**Definierter Regelfall! Erneuter Regelfall nach.12Wo**
	▪ Vorrangiges HM ▪ Optionales HM ▪ Ergänzendes HM ▪ HM-Kombination	**Standard** Alternative Mögliche Ergänzung Intensivbehandlung
	▪ Erstverordnung: ▪ Folgeverordnung: ▪ Verordnung außerhalb des Regelfalles:	**Max. 6 Verordnungen/Rezept bis zum Erreichen der Gesamtverordnungsmenge bei Physik. Th. sonst max. 10 /Rezept.** Besondere Begründung! Genehmigung durch Kasse!
	Behandlungsbeginn bzw. Unterbrechung:	**10 Tage bei phys. Therapie** Sonst 14 Tage. Beginn der Podologischen Therapie innerhalb von 28 Tagen
	Angaben auf dem Rezept:	▪ **Bezeichnung des Heilmittels nach Maßgabe des Katalogs** ▪ Verordnungsmenge ▪ Anzahl pro Woche ▪ Diagnose mit Leitsymptomatik ▪ Indikationsschlüssel ▪ Ggf. Spezifizierung der Therapieziele ▪ Medizinische Begründung bei Verordnung außerhalb des Regelfalles

<u>**Hilfsmittel:**</u>	Sächliche medizinische Mittel	▪ **Körperersatzstücke u. orthopädische Hilfsmittel** ▪ Sehhilfen ▪ Hörhilfen ▪ Mittel oder technische Produkte, die dazu dienen Arzneimittel in den Körper zu bringen ▪ Änderung, Instandsetzung von HM und Ausbildung in ihrem Gebrauch.
	Hilfsmittelverzeichnis!	▪ **Positionsnummer!**
	Ausgeschlossene Hilfsmittel:	▪ **Mittel mit geringem oder umstrittenem therap. Nutzen.** ▪ Mittel mit geringem Abgabepreis.
Verordnung von Sprechstundenbedarf:	Zu Lasten der örtlichen AOK	**PC-Rezept!**
	Nicht zulässig für:	▪ **Privatpatienten** ▪ BVG ▪ Sozialhilfe ▪ BG-Fälle
Als PC gelten nur solche Mittel, die ihrer Art nach bei mehr als einem Patienten angewendet werden bzw. bei Notfällen zur Verfügung stehen müssen.	Über PC nicht möglich:	▪ **Allg. Praxiskosten.** ▪ Filmmaterial ▪ Labormaterial ▪ Kosten durch Anwendung von Instrumenten u. Apparaten. ▪ Einmalartikel laut Verzeichnis.

Physikalische Therapie

Physiotherapie =	Anwendung physikalischer Mittel wie:	▪ Wärme, Kälte ▪ Licht, Luft ▪ Wasser ▪ Elektrizität, Ultraschall ▪ Elektromagnetische Strahlung.
Wärmeanwendungen (Thermotherapie):	Anwendung von Wärme zu therapeutischen Zwecken. Die Wärmeübertragung erfolgt auf 2 Wegen:	1. Leitung 2. Strahlung
	Behandlung mit leitender Wärme: Wärmeübertragung durch unmittelbaren Kontakt von Mensch und Wärmespender. z.B.: **Behandlung mit Wärmestrahlung:** Es besteht kein unmittelbarer Kontakt zum Patienten. z.B.: Die Strahlung wird im Körper absorbiert und in Wärme umgewandelt!	Moor, Fango, Wickel, Warmbad. Infrarotbestrahlung, UV
	<u>Wirkung:</u>	▪ Gefäß- und Kapillarerweiterung ▪ (Hyperämie) ▪ Verbesserung der O_2-Versorgung ▪ Stimulation des Immunsystems ▪ Beschleunigung des Stoffwechsels ▪ Förderung der Heilung ▪ Entspannung von Muskulatur und Psyche ▪ Analgesie
	Keine Anwendung bei:	Frischen Verletzungen und Hämatomen.
	Wir unterscheiden: 1. <u>Feuchte Wärme:</u>	Kompresse, Wickel, Umschlag, Moorpackung,

	2. <u>Trockene Wärme:</u>	Schlick-, Schlamm-, Fangopackung (= sog. Peloide) Heizkissen, Heißluft, Infrarot, Ultraschall
Kälteanwendungen:	<u>Verwendet wird:</u> ▪ Kaltes Wasser ▪ Eis, Schnee ▪ Kühlpackung ▪ Kältespray	
	Reaktionen des Körpers:	▪ Gefäßverengung (ca. 15 sec.) mit nachfolgender **reaktiver Hyperämie!** ▪ Analgesie ▪ Tonisierung des vegetativen Nervensystems.
	Vorsicht bei Anwendung von Kühlsprays!: Gefahr von Erfrierungen!!	- Abstand 30 – 40 cm! - Dauer ca. 3 sec. - Evtl. mehrmals
Hydrotherapie:	Alle äußeren Anwendungen von Wasser zu Heilzwecken. Das Wasser dient dabei im wesentlichen als Träger von Wärme u. Kälte: Daneben auch	= **thermische Reizung** **mechanische u. chemische Reize.**
	<u>Wir unterscheiden:</u> 1. **Bäder:**	• Einfache Bäder • Wechselbäder • Ansteigende Bäder • Überwärmungsbad (bis 42 °C = künstliches Fieber). • Bäder mit Zusätzen • Hydroelektrische Bäder (Stangerbad, Vierzellenbad).
	2. **Sonstige Wasseranwendungen:**	Güsse, Abreibungen, Bürstungen, Abklatschung, Dampfdusche = “Kneipp-Therapie“.

Elektrotherapie:	Behandlungsverfahren, bei denen Elektrizität bzw. elektromagnetische Welle angewendet werden.	
	Wirkung:	▪ Hyperämie ▪ Analgesie
	Wir unterscheiden: 1. **Niederfrequenz-therapie** 2. **Mittelfrequenz-therapie** 3. **Hochfrequenz-therapie**	
	Niederfrequenz-Therapie:	1. Galvanisation (Gleichstrom) 2. Iontophorese 3. Faradisation (Impulsstrom) 4. Diadynamische Ströme (Pulsierender Gleichstrom).
	Mittelfrequenztherapie: Wechselströme mit einer Frequenz von 1 bis 300 kHz (Interferenzströme)	Es werden zwei voneinander unabhängige Stromkreise so appliziert, daß sie sich im Gewebe überlagern bzw. kreuzen. Dies ergibt die therapeutische Mischfrequenz von 1 – 100 Hz.
	Vorteil: Indikation und Kontraindikation wie bei den niederfrequenten Strömen.	▪ Trotz hoher Intensität keine schmerzhaften Empfindungen des Patienten. ▪ Ausgezeichnete Tiefenwirkung.
	Hochfrequenztherapie: Heilbehandlung mit elektrischen oder magnetischen Feldern sowie elektromagnetischen Wellen mit einer Frequenz > 300kHz.	Hauptwirkung: Wärmebildung (Folgen siehe oben)

	Indikation:	1. Rheumatische Erkrankungen der Gelenke und der Muskulatur 2. Chron. entzündliche Erkrankungen 3. Subakute Entzündungen der Nieren und Harnwege.
	Kontraindikation:	▪ Schwangerschaft ▪ Metallteile im Körper ▪ Herzschrittmacher
	Formen:	1. **Kurzwelle** (27,12 MHz) = HF = high frequency 2. **Dezimeterwelle** (433,9 MHz) = UHF = ultra high frequency 3. **Mikrowelle** (2400 MHz) = SHF = super high frequency.
	Applikationsmethoden: 1. **Kondensatorfeld-Methode:** (Kurzwelle) 2. **Spulenfeld-Methode:** (Kurzwelle)	 Das Gewebe befindet sich zwischen 2 Kondensatorplatten. Zwischen diesen liegt das **elektrische Wechselfeld.** Eine in einem Gehäuse befindliche, stromdurchflossene Spule Mit umgebenden **magnetischen Wechselstromfeld** wird an das Gewebe angelegt. (oberflächliche Wirkung)
	Elektroden:	▪ **Monode:** Großer Bereich. ▪ **Minode:** Kleiner Bereich ▪ **Diplode:** dreigeteilt! Beh. von 3 Seiten **.**
	3. **Strahlenfeld-Methode:** vergl. Radiowellen (Dezimeter -, Mikrowelle)	

Lernfeld 5

Zwischenfälle vorbeugen und in Notfallsituationen Hilfe leisten

Herz-Kreislauf und Lymphsystem:

Das Herz (Cor):	Wir unterscheiden: ▪ Rechtes Herz ▪ Linkes Herz Beide unterteilen sich jeweils in:	Trennung durch die Herzscheidewand (Septum) ▪ Vorhof (Atrium) ▪ Kammer (Ventrikel)
Die Herzklappen:	**1. Segelklappen:**	
	▪ **Trikuspitalklappe:** (dreizipflig) ▪ **Mitralklappe:** (zweizipflig)	Zwischen re. Vorhof u. re. Kammer. Zwischen li. Vorhof u. li. Kammer.
	2. Taschenklappen:	
	▪ Aortenklappe	Am Beginn der Aorta (Hauptschlagader)
	▪ Pulmonalklappe:	Am Beginn der Pulmonalarterie (Lungenarterie).
	Das Herz ist ein Hohlmuskel und arbeitet als **Saug-Druckpunpe** wobei die Herzklappen wie Ventile die Richtung des Blutflusses bestimmen. Wir unterscheiden:	
	1. Systole: Unterscheidung in: ▪ Anspannungsphase: ▪ Austreibungsphase:	Es entsteht der **1. Herzton.** Kontraktion des Herzens. Blut wird ausgeworfen in Aorta und A. pulmonalis. **Taschenklappen offen, Segelklappen geschlossen**!
	2. Diastole: Unterscheidung in: ▪ Entspannungsphase: ▪ Füllungsphase:	Beim Schluß der Taschenklappen entsteht der **2. Herzton.** (der leisere Ton) Die Kammern füllen sich mit Blut. **Segelklappen offen, Taschenklappen geschlossen.!**
	Klappenstenose:	Zu enge Klappe, die sich nicht richtig öffnet (Stenosegeräusche)

	Klappeninsuffizienz:	Klappe schließt nicht richtig. (Insuffizienzgeräusche).
	Herzminutenvolumen (HMV): **Frequenz x Schlagvolumen= 70 x 0.07l = ca. 5l/min.**	Das Blutvolumen, das pro Minute von einer Herzhälfte ausgeworfen wird
Die Herzwand:	**Endokard:**	Innenhaut (einschichtiges Plattenepithel)
	Myokard:	Muskelschicht (Sonderform der quergestreiften Muskulatur)
	Epikard:	Äußere Herzhaut = innere Blatt des Herzbeutels **(=Perikard)**
Die Herzkranzgefäße:	▪ Rechte Koronararterie ▪ Linke Koronararterie	A. coronaria dextra A. coronaria sinistra Entspringen aus der Aorta direkt hinter der Aortenklappe (**erste Äste der Aorta!**)
Erregungsbildung und Erregungsleitung:	Die Kontraktionen des Herzmuskels werden von einem spezifisch umgeformten System von Muskelfasern, dem **Reizleitungssystem** gesteuert. Die Zentren dieses Systems werden Knoten genannt.	
	1. Der Sinusknoten:	Ansammlung spezialisierter Muskelzellen, die selbständig (autonom) mit einer Frequenz von 60 – 80 /Minute die elektrische Erregung erzeugen und über das Reizleitungssystem an die Herzmuskelzellen weitergeben. **= Schrittmacherzentrum** des Herzens. Liegt in der Wand des rechten Vorhofs neben der Einmündung der oberen Hohlvene.
	2. Der AV-Knoten	= Atrioventrikularknoten. Liegt am Boden des rechten Vorhofs. (Ersatzschrittmacher)
	3. Das His-Bündel	

	4. Rechter u. linker Tawara-Schenkel	
	5. Purkinje-Fasern	Endverzweigungen
Der Blutkreislauf:	**1. Der große Kreislauf:**	**= Körperkreislauf:** Linker Ventrikel – Aorta – Organarterien - Arteriolen – Kapillaren - Venolen – Organvenen – Untere/obere Hohlvene – rechter Vorhof. Dient der Versorgung des Körpers mit Blut.
	2. Der kleine Kreislauf:	**= Lungenkreislauf:** Rechter Ventrikel – Pulmonalarterie – Lungenkapillaren – Lungenvenen – Linker Vorhof. Dient der Aufsätttigung des Blutes mit Sauerstoff.
	3. Der Pfortaderkreislauf:	Verläuft im Nebenschluß des großen Kreislaufs. Das venöse sauerstoffarme mit Nährstoffen beladene Blut aus dem Magen-Darmtrakt und der Milz fließt über die **Pfortader (= Vena portae)** zur Leber**.** Von dort über die Vena hepatica zur V. cava inferior.
Die Arterien:	Blutgefäße, die das Blut vom Herzen wegführen.	Das Blut ist meist sauerstoffreich. **Ausnahme: A. pulmonalis und Nabelschnurarterien!**
	3 Schichten:	
	1. Intima:	Endothel + Bindegewebe mit elastischen Fasern und glatter Muskulatur.
	2. Media: a) Arterien vom elastischen Typ: b) Arterien vom muskulären Typ:	Muskelschicht (glatt) = herznahe große Gefäße. (Windkesselfunktion der Aorta). = kleine Arterien und Arteriolen. Durch Gefäßkontraktion ist Regelung der Durchblutung möglich.

	3. Adventitia:	= äußere Schicht: Bindegewebe. Verbindung zur Umgebung. Enthält Nerven und Gefäße.
Die Venen:	Blutgefäße, die das Blut zum Herzen zurückführen.	
	Im Prinzip der gleiche dreischichtige Aufbau:	Wand dünner, Muskulatur schwächer, Durchmesser meist größer.
	Venenklappen:	= Ventile, die eine Blutströmung nur in Herzrichtung erlauben! (Hilfseinrichtung des venösen Rückflusses).
	Venenfunktion:	▪ Rückführung des Blutes zum Herzen. Das Blut ist meist sauerstoffarm Ausnahme: die Lungenvenen und die Nabelschnurvene! ▪ Blutspeicher. 85% des Blutes befinden sich in den Venen.
Die Kapillaren:	Haargefäße zwischen Arteriolen und Venolen mit arteriellen und venösen Schenkel.	Bestehen aus dünnem Endothelrohr, von Poren durchsetzt.
	<u>Aufgaben:</u>	▪ Flüssigkeitsaustausch ▪ Nährstoffaustausch ▪ Gasaustausch Zwischen Blutgefäßsystem und Gewebe.
	Filtration:	Flüssigkeitsaustritt ins Gewebe durch hydrostatischen Druck.
	Resorption:	Flüssigkeitsaufnahme aus dem Gewebe in die Kapillare durch osmotisch-onkotischen Druck.
Das Lymphsystem:	System von Röhren welches den ganzen Körper durchzieht. Der Inhalt wird **Lymphe** genannt. Diese wird aus den Gewebsspalten (Interstitium) von Lymphkapillaren gesammelt und an **Lymphgefäße** abgegeben.	Die Lymphgefäße haben ebenfalls einen dreischichtigen Aufbau und Gefäßklappen. Rhythmische Kontraktionen bewegen die Lymphe vorwärts zu den **Lymphknoten,** über die großen Lymphstämme zum **Ductus thoracicus (Milchbrustgang).** Dieser mündet in die Vena subclavia

	Zusammensetzung der Lymphe:	▪ Gewebsflüssigkeit aus dem Interstitium ▪ Eiweiße ▪ Fette aus dem Darm ▪ Lymphozyten
	Aufgaben der Lymphknoten:	▪ Filtration der Lymphe. ▪ Abbau körperfremder Stoffe (Freßzellen, Phagozytose) ▪ Antikörperbildung (Plasmazellen aus B-Lymphozyten) ▪ Bildungsstätte für Lymphozyten ▪ Regulierung der Gewebsflüssigkeit
	Die Lymphknoten sind Teil des **Lymphatischen Systems.**	Die lymphatischen Organe haben vor allem Abwehrfunktion!
	Dazu gehören:	▪ Milz ▪ Thymus ▪ Lymphknoten ▪ Zungenbälge ▪ Tonsillen ▪ Appendix

Elektrokardiogramm(EKG)

Grundlagen	**Erregungsausbreitung im Herzen:** Erzeugung der Erregung im **Sinusknoten** (= autonomes Zentrum)	Ausbreitung über Vorhofmyokard...AV-Knoten....His-Bündel..Rechter und linker Tawara-Schenkel..Purkinjefasern... Myokard.
	Ausbreitung der Erregung über das gesamte Herz. Die ablaufende Erregung **(elektrische Spannungsänderung)** erzeugt ein elektrisches Feld um das Herz, dessen Stärke und Richtung ständig wechselt.	Mit Hilfe von **Elektroden** ist es möglich Spannungsdifferenzen zwischen 2 Punkten zu messen und ihre Veränderung mit der Zeit graphisch aufzuzeichnen. **(=Spannungs-Zeit-Kurve =EKG-Kurve)**
	Mit Hilfe von **10 Elektroden**, die an genau definierter Stelle angebracht werden wird die Spannungs-Zeit-Kurve des Herzens aufgezeichnet **(12 Ableitungen)** Eine Ableitung ist die Spannungs-Zeit-Kurve zwischen 2 Elektroden.	
Die 12 Ableitungen:	**Extremitätenableitungen:** 1.Standartableitungen nach **Einthoven:** 2. Ableitungen nach **Goldberger:**	Abl. I, II, III Abl. aVR, aVL, aVF
	Brustwandableitungen nach Wilson:	
	V1:	4. ICR re. parasternal
	V2:	4. ICR li. parasternal
	V3:	Zwischen V2 u. V4
	V4:	5. ICR medioclaviculär
	V5:	Auf Höhe von V4 vordere Axillarlinie
	V6:	Auf Höhe von V4 mittlere Axillarlinie
	Die Elektrodenkabel sind farbig markiert, um Verwechslungen zu vermeiden: **Rot** = re. Arm; **Gelb** = li. Arm; **Grün** = li. Bein: **Schwarz** = re. Bein. (Ampelschaltung) **Die Elektrode am re. Bein dient als 0-Elektrode (Erdung).**	
Die Normalkurve des EKG:		
	P-Welle:	Vorhoferregung
	QRS-Komplex:	Kammererregung

	ST-Strecke:	Liegt auf der Nullinie (isoelektrisch). Alle Muskelzellen erregt, es bestehen keine Spannungsdifferenzen.
	T-Welle:	Erregungsrückbildung
	U-Welle:	Nachschwankung
	PQ-Zeit = AV-Zeit:	Atrio-ventrikuläre Überleitungszeit.
Worauf ist beim Anlegen eines EKG zu achten?	1. Patient soll ruhig liegen, nicht sprechen 2. Raumtemperatur angenehm (Muskelzittern!) 3. Elektroden an richtiger Stelle anlegen! Kabel in richtiger Reihenfolge. 4. Elektrodengel, Spray oder feuchtes Elektrodenpapier benützen. 5. Keine elektrischen Geräte in der Nähe laufen lassen (Wechselstromüber-lagerung!)	
Informationen aus dem EKG:	1. Herzrhythmus	Sinusrhythmus, AV-Rhythmus, Vorhofflimmern, Extrasystolen, Arrhythmie
	2. Herzfrequenz	Bradycardie (HF<50/min) Tachycardie (HF>100/min)
	3. Reizleitungsstörungen	AV-Block 1.-3. Grades, Rechtsschenkelblock und Linksschenkelblockblock
	4. Typische Veränderungen bei bestimmten Krankheiten:	z.B.: **ST-Hebung: Infarkt** **ST-Senkung: KHK**
<u>Langzeit-EKG:</u>	Kontinuierliche Auf-Zeichnung über 24 Std.	
	Tragbarer Recorder	Bandaufzeichnung, Festplatte
	2 Ableitungen	Auswertung durch Arzt und Computer.
	Mitlaufende Uhr	
	Ereignistaste	
Indikation:	1. Verdacht auf KHK 2. Herzrhythmusstörungen 3. Therapiekontrolle	
<u>Belastungs-EKG:</u>		
Indikation:	1. V.a. KHK 2. Hypertonie 3. Herzthythmusstörungen 4. Leistungsdiagnostik 5. Therapiekontrolle	**Beurteilt wird:** ▪ Leistungsvermögen ▪ RR u. Puls ▪ Herzrhythmus ▪ Durchblutung

Kontraindikation:	1. Akuter Herzinfarkt 2. Instabile Angina pectoris 3. RR>200/110 4. Myocarditis 5. Manifeste Herzinsuffizienz 6. Schwere Allgemeinerkrankung 7. Aortenstenose 8. Fieberhafter Infekt!	
Durchführung: (Fahrrad- oder Laufbandergometrie)	**1. Submaximale Belastung:**	Bis zu einer Herzfrequenz von 200 minus Lebensalter
	2. Symptomlimitierte Ausbelastung:	Bis Leistungsgrenze oder Beschwerden auftreten.
	3. 4 Minuten 100 Watt	Zur Beurteilung der RR-Einstellung.
	Durchführung als stufenweise Belastung: ▪ Schritte von 25, 30 oder 50 Watt ▪ Jeweils über 2-3 Minuten ▪ RR-Messung auf jeder Stufe!	
Abbruchkriterien:	1. Zunehmende Angina pectoris 2. ST-Senkung über 0,1 mV 3. ST-Hebung 4. RR> 240/110 5. Zunehmende Rhythmusstörungen 6. Fehlender Puls- oder RR-Anstieg	
Wann muss der Arzt verständigt werden?:	▪ Brustschmerzen ▪ Luftnot ▪ Kalter Schweiß, Schwindel ▪ Übelkeit ▪ **Bei bestimmten Veränderungen im EKG:** ▪ Am Ende der Belastung.	⇒ ST-Hebung oder Senkung ⇒ Gehäufte ES, Salven ⇒ QRS-Verbreiterung ⇒ Ventrikuläre Tachykardie oder Asystolie (Pat wird bewußtlos).

	Komplikationsmöglichkeiten: ▪ Akute Herzinsuffizienz ▪ Herzinfarkt ▪ Lungenembolie ▪ Rhythmusstörungen	
Weitere Untersuchungsmethoden:		
Phonokardiogramm:	Aufzeichnung der Herztöne und Geräusche	Insbesondere zum Nachweis von Herzklappenfehlern
	Wir unterscheiden:	▪ 1.und 2. Herzton ▪ Herzgeräusche: - Systolische - Diastolische
Echokardiographie:	Ultraschall des Herzens	Beurteilung von: ▪ Herzgröße und Pumpfunktion ▪ Wanddicke der Kammern ▪ Klappenfunktion
Koronarangiographie:	Röntgenaufnahme der Koronararterien mit Kontrastmittel. ▪ Wichtig zur Diagnose der KHK ▪ und bei der Dilatation und dem Stenting der Koronarien! ▪ Vor jeder Bypass-Operation	Über eine Leistenarterie wird nach örtlicher Betäubung ein Katheter bis ins Herz vorgeschoben. Einspritzen des Kontrastmittels in die Herzkranzgefäße
Myokardszintigraphie:	Funktionsuntersuchung des Herzmuskels mit Hilfe injizierter radioaktiver Substanzen	
Kardio-CT/MRT:	Computertomographie bzw. Kernspinuntersuchung des Herzens	
Langzeit-Blutdruckmessung:	Aufzeichnung des Blutdrucks über 24 Stunden	▪ Sicherung der Diagnose Hypertonie ▪ Beurteilung des nächtlichen Blutdruckverhaltens.

Erkrankungen des Herzens und der Gefäße

Koronare Herzerkrankung (KHK):	Stenosen der Koronararterien bewirken eine mangelhafte Sauerstoffversorgung des Herzmuskels besonders unter Belastung.	Bei Verschluss des Gefäßes kommt es zum Herzinfarkt
	Ursache:	Meist Arteriosklerose
	Risikofaktoren:	▪ Rauchen ▪ Hypertonie ▪ Erhöhtes LDL-Cholesterin ▪ Diabetes ▪ Adipositas ▪ Bewegungsmangel
	Symptome:	▪ Retrosternale Schmerzen mit Ausstrahlung in den linken Arm bei körperlicher Belastung oder Stress und Engegefühl in der Brust **(= Angina pectoris)** ▪ Dyspnoe ▪ Angst ▪ Schwindel ▪ Leistungsminderung
	Diagnose:	▪ Anamnese, Symptome ▪ EKG, Belastung, Langzeit-EKG, ***(ST-Senkung!)*** ▪ Echokardiographie ▪ Evtl. Koronarangio ▪ Szintigraphie
	Therapie:	▪ Beseitigung oder Behandlung der Risikofaktoren! ▪ Medikamente z.B. Betablocker, Nitrate, Acetylsalicylsäure (**ASS)** ▪ Dilatation der Stenosen = Perkutane transluminale Coronarangioplastie (**PTCA)** evtl. mit Stentimplantation. ▪ Bypass-.OP = Aortokoronarer Venenbypass **(= ACVB)**
Herzinfarkt:	Ursache:	Hochgradige Stenose oder Verschluss einer Koronararterie
	Symptome:	s. KHK
	Diagnose:	▪ s. KHK ▪ Labordiagnostik: Leukozytose, GOT/CK,

		Troponin erhöht! ▪ Evtl. **ST-Hebung** im EKG!
	Komplikationen:	▪ Akute Herzinsuffizienz (Herzversagen) ▪ Herzrhythmusstörungen insbesondere **Kammerflimmern** ▪ Hirnembolie ▪ Pericarditis
	Therapie:	s. KHK
Herzinsuffizienz:	Akut oder chronisch	
	Ursache:	▪ Hypertonie ▪ KHK ▪ Myokarditis ▪ Herzfehler ▪ Lungenerkrankungen
	Symptome:	▪ Leistungsminderung, Schwindel, Schwäche ▪ Dyspnoe, Zyanose ▪ Ödeme ▪ Tachykardie ▪ Stauungsgastritis
	Diagnostik:	▪ Anamnese/ Symptome ▪ EKG, Belastung ▪ Rö-Thorax ▪ Labor
	Therapie:	▪ Körperliche Schonung ▪ Entwässerung ▪ Medikamente z.B. Diuretika, Betablocker, Digitalis, ACE-Hemmer
Herzrhythmusstörungen:	▪ Arrhythmie ▪ Vorhofflimmern ▪ Kammerflimmern ▪ Extrasystolen (ES) ▪ Asystolie	Unregelmäßiger Herzschlag Im EKG absolute Arrhythmie bei fehlender P-Welle, Flimmerwellen der Vorhöfe Unregelmäßige Flimmerwellen der Kammern im EKG. Praktischer Herzstillstand durch unkoordinierte, ineffektive Myokardbewegungen. Zusatzschläge, Extraschläge meist unregelmäßig. Zwei ES hintereinander = **Couplet** mehrere ES hintereinander = **Salve** Herzstillstand mit Nulllinie im EKG
Entzündungen :	▪ Endokarditis (bakteriell ,viral, rheumatisch) ▪ Myokarditis	Entzündung des Endokards häufig mit Befall der Klappen Entzündung des Herzmuskels

	(häufig infektiös, 50% Viren) ▪ Perikarditis	Entzündung des Herzbeutels. Häufig gleichzeitig mit Myokarditis.
Herzklappenfehler:	▪ Angeboren ▪ Erworben	**Stenose:** Klappe öffnet nicht richtig **Insuffizienz:** Klappe schließt nicht richtig.
Hypertonie: > 90-95% primäre (essentielle) Hypertonie d.h. ohne ersichtliche Ursache!	Definition:	Eine Hypertonie liegt vor, wenn bei mindestens 2 Messungen an verschiedenen Tagen Werte von >140mmHg systolisch und/oder >90 mmHg diastolisch vorliegen.
	3 Stufen: 1. Leicht (Grad 1): 2. Mittel (Grad 2): 3. Schwer (Grad 3):	 140-159/90-99 mmHg 160-179/100-109 mmHg > 180/110 mmHg
	Diagnostik:	▪ Messung nach Riva Rocci (RR) s. Kapitel Ärztliche Untersuchung ▪ Bei Verdacht auf „Weißkittelhypertonie" **24-h Blutdruckmessung (normal: Durchschnittswert von 135/85.)**
	Folgeschäden:	▪ Linksherzhypertrophie ▪ KHK ▪ Schlaganfall ▪ Niereninsuffizienz ▪ Aortenaneurysma ▪ paVK ▪ Netzhautschäden
	Therapie:	▪ Rauchen einstellen ▪ Übergewicht reduzieren ▪ Alkoholkonsum einschränken ▪ Salzkonsum möglichst < 5g/Tag ▪ Fettarme Diät ▪ Mehr Bewegung ▪ Stressabbau ▪ Verzicht auf Lakritzenprodukte (hormonartige Stoffe aus der Süßholzwurzel erhöhen den Blutdruck) ▪ Medikamente die den Blutdruck erhöhen absetzen z.B. Cortison, Antikonzeptiva, Antirheumatika ▪ Wenn damit keine ausreichende

		Blutdrucksenkung zu erreichen ist kommen Medikamente zum Einsatz.
Schlaganfall (Apoplex):	Ursache: 1. 85% **Zerebrale Ischämie** (= Sauerstoffmangel als Folge von Durchblutungsstörungen 2. 15% **Intrazerebrale Blutung**	 Arteriosklerose der hirnversorgenden Arterien, Mikroangiopathie, arterielle oder kardiale Embolie Bluthochdruck, Aneurysma, Tumor
	Symptome:	▪ Lähmungen (z.B. Hemiparese = Halbseitenlähmung) ▪ Sprachstörungen ▪ Bewusstseinsstörungen ▪ Sehstörungen ▪ Gleichgewichtsstörungen, Schwindel ▪ Gedächtnisstörungen, Verwirrtheit
	Risikofaktoren:	▪ Hypertonie ▪ Diabetes ▪ Hypercholesterinämie ▪ Rauchen
Periphere arterielle Verschlusskrankheit (paVK):	Definition:	Durchblutungsstörungen durch Stenosen oder Verschlüsse von Arterien. Zu über 90% sind die unteren Extremitäten befallen.
	Symptome: Je nach Stadium I bis IV	▪ **Stadium I:** keine subjektiven Beschwerden ▪ **Stadium II:** Claudicatio intermittens : Belastungsabhängige Beinschmerzen, die zum Stehenbleiben zwingen (Schaufensterkrankheit) ▪ **Stadium III:** Ruheschmerzen ▪ **Stadium IV:** Ulcerationen (Geschwüre) Gangrän (Gewebsnekrose) **Amputationsgefahr!**
	Diagnose:	▪ Anamnese, Pulsstatus ▪ Doppler-Druckmessung ▪ Duplexsonographie ▪ Angiographie
	Therapie:	▪ Gehtraining

		▪ Minimierung der Risikofaktoren ▪ PTCA, evtl. Stenting ▪ Bypassoperation ▪ Amputation
Varikosis:	Erweiterte, häufig geschlängelte oberflächliche Vernen mit Venenklappeninsuffizienz.	
	Ursache:	▪ Erbliche Bindegewebs- und Venenwandschwäche ▪ Hormonelle Einflüsse z,B. Schwangerschaft ▪ Stehberuf, Adipositas ▪ Sekundäre Varizen als Folge venöser Abflussstörungen bei Z.n. tiefer Venenthrombose
	Beschwerden:	▪ Geschwollene, schwere, müde Beine besonders bei langem Stehen ▪ Schmerzen, Juckreiz ▪ Ekzem ▪ Entzündung +Thrombose **(Varikophlebitis/ Thrombophlebitis)** ▪ Unschöne Kosmetik
	Diagnose:	▪ Klinik ▪ Doppler/Duplex ▪ Evtl. Phlebographie
	Therapie:	▪ Kompressionsverband /Strumpf + Bewegung ▪ Entzündungshemmende Salben und Medikamente ▪ Verödung ▪ Operative Entfernung
Tiefe Venenthrombose (Phlebothrombose):	Meist Bein- oder Beckenvene	
	Symptome:	▪ Schmerz, Spannungsgefühl, Schwellung des Beines ▪ Subfebrile Temperatur ▪ Tachykardie ▪ **Oft uncharakteristische oder fehlende Symptome!!**
	Risikofaktoren:	▪ Immobilität ▪ Z.n. Operation ▪ Schwangerschaft/Wochenbett ▪ Flugreisen ▪ Varikosis ▪ Gerinnungsstörungen ▪ Malignome

	Diagnose:	▪ S. Varikosis ▪ Lichtreflexionsrheographie (LRR) ▪ D-Dimer-Test
	Gefahren:	▪ Lungenembolie ▪ Ulcus cruris ▪ Chronisch venöse Insuffizienz (CVI)
	Therapie:	▪ Phlebologischer Kompressionsverband /Strumpf ▪ Antikoagulation: Heparin, Marcumar ▪ Evtl. Lysebehandlung oder Operation
Lymphödem:	Pathologische Ansammlung von Lymphe im Gewebe infolge eines gestörten Lymphabflusses	
	Ursache:	▪ Angeborene Hypoplasie der Lymphgefäße ▪ Postinfektiös (z.B. nach Erysipel = Wundrose) ▪ Posttraumatisch ▪ Postthrombotisch ▪ Postoperativ z.B. nach Brustkrebs-OP
	Therapie:	▪ Manuelle Lymphdrainage ▪ Kompressionsbehandlung ▪ Strumpf

Atmungsorgane

Äußere Atmung:	Austausch der Gase Sauerstoff (O_2) und Kohlendioxid (CO_2) der Luft zwischen Blut und Alveolen	
	Inspiration =	Einatmung
	Exspiration =	Ausatmung
	Zusammensetzung der eingeatmeten Luft:	▪ 21% Sauerstoff ▪ 78% Stickstoff ▪ 1% Edelgase ▪ 0,03% CO_2
	Zusammensetzung der ausgeatmeten Luft:	▪ 16 –17,5% O_2 ▪ 3 – 4,5% CO_2
Innere Atmung:	= **Biologische Oxidation** Formel für die Gewebeatmung:	Verbrennung der Nahrungsstoffe in der Zelle mittels Sauerstoff zu Wasser, CO_2 und Energie. Die Energie wird zum größten Teil als Wärme frei, zum kleinen Teil als ATP gespeichert. **Nahrung + O_2 ⟶ CO_2 + H_2O + E (Energie)** CO_2 wird abgeatmet, Wasser über Nieren, Haut, Schleimhäute ausgeschieden.
Aufgaben der Luftwege:	1. Reinigung der Luft (Flimmerepithel!) 2. Befeuchtung 3. Erwärmung 4. Abwehrfunktion 5. Geruchssinn (Nase) 6. Stimmbildung (Larynx)	
Die Nase:	Die beiden Nasenhöhlen werden durch die Nasenscheidewand (Septum nasi) getrennt. Diese besteht im vorderen Teil aus: im hinteren Teil aus:	Hyalinen Knorpel Knochen (Siebbein, Vomer)
	Durch 3 **Nasenmuscheln** entstehen 3 Nasengänge: ▪ **Unterer Nasengang:**	= Schleimhautüberzogene Knochen der Seitenwände der Nasenhöhle. Hier mündet der Abflußkanal

	▪ **Mittlerer Nasengang:** ▪ **Oberer Nasengang:**	der Tränendrüsen. Hier münden Siebbeinzellen, Kieferhöhle und Stirnhöhle. Hier mündet die Keilbeinhöhle. Hier liegt das **Riechorgan:** Riechepithel von 1,5 – 2,5 cm²
	Die Nasenschleimhaut: 1. Flimmerepithel mit Becherzellen 2. Riechepithel	Im Bereich der Nasenmuscheln finden sich Venengeflechte, die einen Schwellkörper bilden.
	Die Nasennebenhöhlen:	Mit Schleimhaut ausgekleidet. Dienen als Resonanzraum der Stimme und zur Vorwärmung der Luft.
	▪ Kieferhöhle:	Sinus maxillaris
	▪ Stirnhöhle:	Sinus frontalis
	▪ Siebbeinhöhlen:	Sinus ethmoidalis
	▪ Keilbeinhöhle:	Sinus sphenoidalis
Der Rachen (Pharynx):	1. Oberer Abschnitt = Epipharynx	Unpaare Rachenmandel am Rachendach. Einmündung der **Ohrtrompete** (Tuba auditiva) = Verbindung zum Mittelohr.
	2. Mittlerer Abschnitt = Mesopharynx	Verbindung zur Mundhöhle. Hier liegen die Gaumenmandeln (Tonsillen).
	3. Unterer Abschnitt = Hypopharynx	Trennung von Atem- u. Speiseweg.
Der Kehlkopf (Larynx):	Eingang zur Luftröhre, wird durch den Kehldeckel beim schlucken verschlossen. Das Knorpelskelett besteht aus: ▪ Hyalinem Knorpel: ▪ Elastischem Knorpel:	Im Innern befinden sich die Stimmbänder, die von den Stellknorpeln bewegt werden. **Schildknorpel (Adamsapfel)** **Ringknorpel** **Stellknorpel** **Epiglottis (Kehldeckel)**
Die Luftröhre (Trachea):	Besteht aus 16 – 20 hufeisenförmigen hyalinen Knorpelspangen. **Bifurkation:**	Aufteilung in linken und rechten **Stammbronchus.**
Der Bronchialbaum:	Der rechte Stammbronchus gibt 3, der linke 2	

	Lappenbronchien ab.	Die letzten Verzweigungen des Bronchialbaumes heißen **Bronchiolen.** Sie besitzen keinen Knorpel mehr, sind aber reich an glatter Muskulatur. Danach folgen die **Alveolensäckchen (Acinus)** mit den **Alveolen** (einschichtiges Plattenepithel.ca. 300 Mill. in der Lunge, = 100 m² Fläche).
Die Lungen (pulmones):	Rechte Lunge:	3 Lappen
	Linke Lunge:	2 Lappen
	Dazwischen liegt das = **Mediastinum = Mittelfell.**	Hier liegen: Herz, Trachea, Ösophagus, Gefäße, Lymphknoten, Nerven, Thymus.
	Die Lunge ist umgeben von der **Pleura.**	2 Blätter: Lungenfell u. Rippenfell. Dazwischen befindet sich ein kapillärer Spalt = **Pleuraspalt/höhle**. Dieser enthält wenig Flüssigkeit und ermöglicht eine reibungsfreie Bewegung der Lunge. Durch den Unterdruck muß sich die Lunge den Bewegungen des Thorax und des Zwerchfells bei der Atmung anpassen. Luft im Pleuraspalt = **Pneumothorax.**
	Die gesamte Lunge wird in je **10 Segmente** unterteilt.	
Atemmechanik:	**Inspiration:**	▪ Anspannung = Abflachung des Zwerchfells ▪ **(Diaphragma**). Dieses tritt tiefer und erzeugt im Brustraum einen Unterdruck, der die Luft einsaugt. ▪ Hebung des Brustkorbs durch Anspannung der äußeren Zwischenrippenmus-keln.
	Exspiration:	▪ Zwerchfell entspannt sich und tritt höher. Dadurch Ausatmung.

		▪ Senkung des Brustkorbs durch Anspannung der inneren Zwischenrippen-muskeln.
Lungenfunktionsprüfung: (Spirometrie)		
Lungenvolumina:	**1. Atemzugvolumen:**	Ca. 0,5 l bei normaler Ein- u. Ausatmung.
	2. Inspiratorisches Reservevolumen:	Die Luft, die bei max. Einatmung zusätzlich zum Atemzugvolumen eingeatmet werden kann.
	3.Exspiratorisches Reservevolumen:	Die Luft, die nach normaler Ausatmung noch ausgeatmet werden kann.
	4. Vitalkapazität (VC):	Volumen von max. Ausatmung bis max. Einatmung (ca. 4,5 l)
	5. Residualvolumen: (kann nicht gemessen werden!)	Die Luft, die sich nach max. Ausatmung noch in der Lunge befindet.
Durchführung der Messung:	▪ Immer im Sitzen messen ▪ Alter, Größe, Gewicht und Geschlecht eingeben! ▪ Nasenklemme anlegen ▪ Einmalmundstück fest mit den Lippen umschließen ▪ Zunächst einige normale Atemzüge machen lassen ▪ Danach langsam und tief maximal aus und einatmen ▪ Nach erneutem maximalen Einatmen atmet der Patient verstärkt (forciert) und maximal aus.	Messwerte: **Atemzugvolumen** **Inspiratorische Vitalkapazität** (IVC) Die Luft, die der Patient in einer Sekunde maximal ausatmen kann heißt **Forciertes exspiratorisches. Volumen (FEV1)** Normalwert: >2l /sek

		Tiffenau-Wert (in Prozent der Vitalkapazität): FEV1/VCx100. Normalwert: >70% **FEV1 und Tiffenau-Wert sind vor allem bei Bronchialobstruktion erniedrigt!**
Fachausdrücke:	**Tachypnoe:**	Erhöhte Atemfrequenz
	Bradypnoe:	Erniedrigte Atemfrequenz
	Dyspnoe:	Atemnot. Erschwerte Atmung
	Apnoe:	Aussetzen der Atmung
	Normale Atemfrequenz:	12-15/min

Krankheiten der Atmungsorgane

Grippaler Infekt	Erkältungskrankheit: Ursache:	Schnupfen, Husten, Heiserkeit, Fieber, Abgeschlagenheit Banale Viren z. B. Rhinoviren
Influenza	**Echte Grippe** Ursache:	Schweres Krankheitsbild mit hohem Fieber, schweren Krankheitsgefühl, Muskel- und Gelenkschmerzen, Herz-Kreislaufbelastung, evtl. Grippepneumonie. Todesfälle kommen bei Epidemien immer wieder vor, besonders bei alten Menschen! **Impfung jährlich!** Influenzaviren
Peudokrupp (Echter Krupp = Kehlkopfdiphtherie)	= stenosierende Laryngo-Tracheitis Ursache:	Bellender Husten Dyspnoe Inspiratorischer Stridor Tachycardie Unruhe, Angst Zyanose, Bewusstseinstrübung Virusinfekt mit Einengung des subglottischen Raumes **Begünstigend wirken Umwelteinflüsse:** ▪ Wetter ▪ Luftverschmutzung ▪ Zigarettenrauch
Akute Bronchitis	Akute Entzündung der Bronchialschleimhaut Ursache: Symptome:	Tröpfcheninfektion in 75-95% Viren, oft Sekundärinfektion durch Bakterien, Reizgase (Smog, Kohlenstaub) Fieber (38-40°), Husten zunächst trocken, dann weißlicher Auswurf, gelbgrün bei bakterieller Superinfektion

Chronische obstruktive Bronchitis (COPD)	<u>Ursache:</u> <u>Symptome:</u>	Zigarettenrauch, Luftverschmutzung (fortschreitende Zerstörung des Flimmerepithels) Husten und Sputum an den meisten Tagen, für wenigstens 3 Monate im Jahr Dyspnoe besonders bei Belastung
	Folgen:	▪ Bronchialobstruktion (Schwellung, Schleim, Spasmus) ▪ Lungenüberblähung (Emphysem) ▪ Bronchiektasen (sackförmige Erweiterungen der Bronchien) ▪ Cor pulmonale (Rechtsherzüberlastung)
Pneumonie	Akute oder chronische Entzündung mit Befall des Alveolarraums und/oder des Interstitiums <u>Ursache:</u> <u>Symptome:</u>	 Bakterien, Viren, Pilze Fieber, allgemeine Schwäche Husten, Auswurf evtl. eitrig oder blutig. Leukozytose (nicht bei Viren), CRP erhöht bei Bakterien. Brustschmerzen, Myalgien, Arthralgien Tachycardie Dyspnoe, Tachypnoe
Asthma bronchiale	Rezidivierende brochospastische Anfälle ausgelöst durch :	▪ Allergene (Polle, Hausstaub, Milben, Tierhaare, Pilzsporen, Mehlstaub) ▪ Unspezifische Reize (Hitze, Kälte, Staub, Nebel) ▪ Körperliche Anstrengung ▪ Infekt ▪ Psychische Erregung

	Symptome:	Anfall mit exspiratorischer Dyspnoe (Bronchialobstruktion durch eosinophile Entzündung der Bronchien) Giemen und Brummen über der Lunge Tachykardie In schweren Fällen Zyanose, Erschöpfung und Bewusstseinstrübung.
Tuberkulose	Erreger:	Mycobakterium tuberculosis
	Übertragung:	Tröpfcheninfektion von Mensch zu Mensch **Meldepflicht!**
	Stadieneinteilung:	
	1. Primärinfekt:	= entzündliche Reaktion am Ort der Haftung. = **Primärkomplex der Lunge** (subpleuraler Herd) + Beteiligung der Hilus-Lymphknoten. (meist Ausheilung mit Verkalkung)
	2. Generalisation:	Befall weiterer Organe
	3. Organtuberkulose:	z.B. Niere, Knochen, Lunge
	Symptome der Lungen-Tbc:	▪ Husten, Auswurf ▪ Nächtliche Temperatur, Nachtschweiß ▪ Gewichtsabnahme, Appetitlosigkeit ▪ BKS-Erhöhung
	Komplikationen:	▪ Pleuritis ▪ Emphysem ▪ Kavernenbildung ▪ Blutung ▪ Cor pulmonale
	Diagnostik:	▪ Labor: BKS erhöht, Lymphozytose ▪ Thoraxröntgen ▪ Tuberkulintest (Intrakutantest nach Mendel-Mantoux) ▪ Tine-Test (Stempeltest)

Das Nervensystem

Aufgaben:	▪ **Aufnahme von Reizen** aus der Umwelt oder dem Körper. ▪ Umwandlung in nervöse Erregung und **Weiterleitung** an das ZNS. ▪ **Verarbeitung u. Bewertung** der Informationen im Gehirn. ▪ Aussendung von nervösen Impulsen (**Befehlen**) zu den Organen. ▪ In Zusammenarbeit mit dem Hormonsystem **Steuerung sämtlicher Lebensvorgänge** des Körpers.	
Wir unterscheiden:	1. Das Umweltnervensystem: **Cerebro-spinales NS:**	**ZNS:** Gehirn + RM **Peripheres NS:** - 12 Hirnnervenpaare - 31 Spinalnervenpaare
	2. Das Innenweltnerven-system: **Autonomes NS:**	**Sympathikus +Parasympathikus.**
	3. Ein erregungsleitendes **peripheres NS:**	Nervenleitungen, Re-zeptoren, Sinnesorgane
	4. Ein verarbeitendes **Zentrales NS:**	Gehirn u. RM
	5. Aufsteigende,sensible **(afferente)** Leitungsbahnen. 6. Absteigende, motorische (**efferente)** Bahnen.	
	7. Graue Substanz:	Ansammlungen von Nervenzellen
	8. **Weiße Substanz:**	Leitungsbahnen
Leitungsbogen:	ZNS + 2 Neurone	Funktionelle Einheit des NS

	Eigenreflex: Empfängerorgan u. ausführendes Organ sind identisch:	z.B. Patellarsehnenreflex, Achillessehnenreflex.
	Fremdreflex: Empfängerorgan u. ausführendes Organ nicht identisch:	z.B. Hustenreflex, Stolperreflex, Bauchhautreflex.
	Gemeinsamkeit der Reflexe:	Der Reiz wird im RM sofort auf ein efferentes Neuron umgeschaltet, ohne Beteiligung des Gehirns.
	Sinn:	Gewisse Körperfunktionen z.B. Muskeltonus, Gleichgewicht, Orientierung müssen ständig und schnell den wechselnden Bedürfnisseen angepaßt werden. Das Gehirn wird von diesen Aufgaben entlastet.
	Synapse:	Verbindung von 2 Neuronen. Hier wird die nervöse Erregung mit Hilfe von **Neurotransmittern** von einem Neuron auf ein anderes übertragen.
	Neuromuskuläre Synapse (motorische Endplatte)	Verbindung von Neuron und Muskelfaser.
	Neurotransmitter:	Acetylcholin, Dopamin, Noradrenalin.
Histologie des Nervengewebes:	▪ Neurone (Nervenzelle + Neurit) ▪ Neuroglia	 Binde u. Stützgewebe
	▪ Versorgungs und Schutzeinrichtungen:	Hirnhäute, Ventrikel, Blutgefäße.
Das Gehirn (Cerebrum)	1. Endhirn = Großhirn 2. Zwischenhirn 3. Mittelhirn 4. Hinterhirn 5. Nachhirn	2 Hemisphären, Balken Pons und Cerebellum Medulla oblongata
	Das Großhirn:	Höchste Instanz des Nervensystems. Sitz des Bewußtseins, des Willens, der Kreativität etc.
	Großhirnrinde: Besteht aus: ▪ Hirnwindungen (Falten)	▪ Sie ist 1,5 – 3 mm dick und enthält 70% aller Neurone ▪ (10 – 14 Milliarden Zellen). = Gyri

	▪ Furchen Einteilung in:	= Sulci / Fissuren ▪ Stirnlappen ▪ Scheitellappen ▪ Schläfenlappen ▪ Hinterhauptslappen
	Nervenzellen mit ähnlicher Funktion liegen in sog. **Rindenfeldern** zusammen:	▪ Bewegungsfelder = motorisches Rindenfeld (vordere Zentralwindung). ▪ Körperfühlfeld = sensorische Rindenfeld (hintere Zentralwindung) ▪ Lesezentrum ▪ Hörzentrum ▪ Sehzentrum ▪ Broca-Sprachzentrum (Sprechen) ▪ Sprachverständnis (Wernicke-Zentrum)
	Dazwischen liegen die sog. **Assoziationsfelder.**	
Linke Hemisphäre:	▪ Sitz der Sprache ▪ Der Zahlenkenntnis ▪ Des abstrakten, logischen Denkens.	
Rechte Hemisphäre:	▪ Kreativität ▪ Künstlerische Begabung ▪ Vorstellungskraft	
	Das Zwischenhirn: Schaltstelle zwischen Großhirn und Hirnstamm. Hauptbestandteil: **Der Thalamus:** Darunter liegt der **Hypothalamus:**	= das Tor zum Bewußtsein Zentrales Bindeglied zwischen Nerven- und Hormonsystem.
	Spezialisierte Rezeptoren:	▪ Thermorezeptoren ▪ Osmorezeptoren ▪ Überwachung von Kreislauf, Blasenfunktion und Verdauung. ▪ Durst- Hunger- und Sättigungszentrum.
	Das Mittelhirn:	= akustisches u. optisches Reflexzentrum

	Das Hinterhirn: 1. Die Brücke (Pons) enthält: 2. Das Kleinhirn:	 ▪ Hirnnervenkerne. ▪ Koordinierendes motorisches Zentrum: ▪ Erhaltung des Gleichgewichts ▪ Regelt den Muskeltonus.
	Die Medulla oblongata:	Regelzentren für Herz-Kreislauf, Atmung, Reflexe (Schluck-, Husten-, Niesreflexe), Brechzentrum.
	Hier kreuzen die Fasern der sog. **Pyramidenbahn**	= motorische Leitungsbahnen von der Hirnrinde zum RM
Das Rückenmark (RM):	Von der medulla oblongata bis in Höhe des 2. LWK (ca. 45cm) **31 Spinalnervenpaare:** (vordere und hintere Wurzel)	8 Halsnerven 12 Brustnerven 5 Lendennerven 5 Kreuzbeinnerven 1 Steißnerv
Innere Struktur:	1. **Graue Substanz:** Schmetterlingsförmig um den Zentralkanal:	Vorderhorn: Motorische Vorderhornzellen. Die Axone bilden die vordere Wurzel der Spinalnerven. Hinterhorn: Hier liegen die sensiblen Nervenzellen, die die Erregung zum Gehirn weiterleiten. Seitenhorn: Nervenzellen des autonomen (vegetativen) NS .
	2. **Weiße Substanz**: Enthält auf und absteigende Leitungsbahnen.	
Aufgaben:	1. Funktion als Reflexorgan 2. Ursprung der Spinalnerven 3. Leitungsorgan.	
Schutzeinrichtungen des ZNS: **3 Hirnhäute (Meningen)**	1. Harte Hirnhaut = **Dura mater:**	Straffes BG. Liegt direkt dem Schädelknochen an. Der schmale Spalt dazwischen heißt **Epiduralraum.**

	2. Spinngewebshaut = **Arachnoidea:**	Liegt der dura mater innen an. (gefäßlos) Dazwischen liegt der **Subduralraum.**
	3. Die innere Haut = **Pia mater (="fromme Mutter")** Arachnoidea + Pia = weiche Hirnhäute.	Liegt dem Gehirn an, enthält zahlreich Blutgefäße. Zwischen Arachnoidea und Pia liegt der **Subarachnoidalraum.**
	Liquor cerebrospinalis: Findet sich in:	Ca 150 ml farblose, klare Flüssigkeit (Nervenwasser) ▪ Subarachnoidalraum ▪ 4 Ventrikel
	Funktion:	▪ Wasserkissen ▪ Stoffaustausch zwischen Blut und Nervengewebe.
	Kann zu diagnostischen Zwecken durch Punktion z.B. im LWS- Bereich entnommen werden.	**= Lumbalpunktion**
Das Periphere Nervensystem:	= Leitwerk („Leitungskabel") des ZNS um die nervöse Erregung weiterzuleiten.	
Besteht aus:	1. 31 Spinalnervenpaaren 2. 12 Hirnnervenpaaren	
Spinalnerven:	Entsteht aus der Vereinigung der vorderen und hinteren Wurzel. **Gemischter Nerv:**	Motorische, sensible und vegetative Fasern.
	<u>Hinterer Ast:</u>	Versorgung von Haut, Muskeln des Rückens.
	<u>Vorderer Ast:</u> Die vorderen Äste bilden **Nervengeflechte (Plexus)** aus denen die einzelnen großen Exremitätennerven hervorgehen.	Versorgung der vorderen Körperregion und der Gliedmaßen. ▪ Plexus cervicalis ▪ Plexus brachialis ▪ Plexus lumbalis ▪ Plexus sacralis
Hirnnerven:	Treten direkt aus dem Gehirn aus und versorgen Kopf- und Halsbereich und die Sinnesorgane.	**10. Hirnnerv = N. vagus (Eingeweidenerv)** **= Parasympathikus**

Das vegetative Nervensystem: = autonomes NS, dem Willen nicht unterworfen!!	Aufgabe:	Automatische Steuerung lebenswichtiger Organfunktionen z.B. Atmung, Kreislauf, Stoffwechsel.
Besteht aus 2 Teilen:	**1. Sympathikus**	Aktivität bei: ▪ Körperlicher Arbeit ▪ Reaktion auf Streß
	2. Parasympathikus	Aktivität bei nach innen gerichteten Körperfunktionen.
Die Zentren liegen z.T. im Gehirn	= zentraler Teil z.B.:	Im Hypothalamus
z.T. in den Seitenhörnern des RM	= peripherer Teil	
Sympathische Ganglien:	1. **Paravertebral:**	**Grenzstrang**
Ganglien sind Ansammlungen von Nervenzellen. Sie dienen als Umschaltstationen.	2. **Praevertebral:**	Im Bereich der großen Gefäße (Aorta). Bilden Geflechte: Sonnengeflecht = **Plexus solaris.**
Parasympathische Zentren:	z.T. im Gehirn z.T. in den Seitenhörnern des Sakralmarks.	N. Vagus Fasern zu Blase, Niere, Sexualorgane.

Organ	Sympathikus	Parasympathikus
Herz	**Frequenz steigt**	Frequenz sinkt
Bronchien	Erweiterung	Verengung
Magen/Darm	Hemmung	Anregung
Gefäße	Verengung	Erweiterung
Pupillen	**Erweiterung**	Verengung

Erkrankungen des Nervensystems/Fachbegriffe

Alzheimer –Krankheit	Anhäufung von pathologischen Eiweißen im Gehirn führen zur Degeneration.	**Symptome:** ▪ Vergesslichkeit ▪ Zunehmender Gedächtnisverlust ▪ Interesselosigkeit ▪ Kontrollverlust über Funktionen des Alltags ▪ Persönlichkeitsverfall
Anorexia nervosa	Magersucht	
Ataxie	Störungen der Koordination von Bewegungsabläufen	
Bulimie	Ess-Brech-Sucht	
Delir	Akute Verwirrtheit mit Bewusstseins- und Wahrnehmungsstörungen	**Ursache:** ▪ Unfall ▪ Alkohol ▪ Sauerstoffmangel ▪ Stoffwechselerkrankung
Demenz	Chronische Verwirrtheit	**Ursachen:** ▪ Senile Demenz vom Alzheimer-Typ ▪ Durchblutungsstörungen
Depression	Niedergeschlagenheit	**Symptome:** ▪ Antriebslosigkeit ▪ Interesselosigkeit ▪ Vermindertes Selbstwertgefühl ▪ Schuldgefühle ▪ Schlafstörungen ▪ Leichte Ermüdbarkeit, verminderte Konzentration
Epilepsie	Anfallsleiden	
Migräne	Periodisch auftretende meist einseitige Kopfschmerzen	Oft kombiniert mit Übelkeit, Erbrechen, Sehstörungen, Lichtempfindlichkeit
Multiple Sklerose	Chronische entzündliche Erkrankung des ZNS (Autoimmunerkrankung) mit multiplen Entzündungsherden, die in eine Vernarbung (Sklerose) münden. Es kommt zur	Schubartiger Verlauf **Symptome:** ▪ Sensibilitätsstörungen ▪ Paresen ▪ Blasen und Mastdarmstörungen ▪ Ataxie

	Zerstörung der Myelinscheiden.	▪ Störungen der Augenbeweglichkeit
Parkinson Krankheit	**Schüttellähmung** Ursache: Degeneration von Neuronen in der sog. substantia nigra (schwarzer Kern) des Hirnstammes. Führt zu Dopaminmangel	**Symptome:** ▪ Verlangsamung von willkürlichen Bewegungen, kleinschrittiger Gang, verarmte Mimik ▪ **Rigor** = Steifigkeit der Muskulatur ▪ **Tremor**
Schlaganfall (Apoplex)	s. Kapitel Herz-Kreislauf	
Tremor	Zittern	
Vertigo	Schwindel	

Notfälle

Bewußtseinsstörungen:	Schweregrade: 1. **Benommenheit:**	Verlangsamtes Denken u. Handeln
	2. **Somnolenz:**	Patient schläfrig, apathisch aber erweckbar. Ungenaue Angaben, bedingt kooperativ.
	3. **Sopor:**	Tiefer Schlaf, nur durch starke Reize erweckbar.
	4. **Koma:**	Bewußtlosigkeit, nicht erweckbar.
	Ursachen:	Kollaps, Epilepsie, Schlaganfall, Hirntumor, Herz-Kreislaufstillstand, Intoxikation. Stoffwechselentgleisung: Zuckerkoma, Leberkoma, Nierenversagen.
	Sofortdiagnostik:	1. Vitalfunktionen!! 2. BZ-Schnelltest 3. Schockbekämpfung 4. Evtl. EKG 5. Bei erhaltenen Vitalfunktionen: **Stabile Seitenlage!** (Atemwege frei, Schutz vor Aspiration)
Reanimation:	Bei fehlenden Vitalfunktionen (Atmung, Herz) sofortiger Beginn	Überlebenszeit des Gehirns 3-5 Minuten!!!
	Ziel: 1. Notkreislauf aufrecht erhalten 2. Sauerstoffversorgung der Organe sicherstellen.	
	Prüfung des Bewusstseins:	▪ Lautes Ansprechen ▪ Rütteln an den Schultern ▪ Reagiert die Person nicht ruft der Helfer um Hilfe!
	Atemkontrolle unter Überstreckung des Nackens:	▪ Hören: Atemgeräusche ▪ Fühlen: Luftbewegung an der Wange ▪ Sehen: Brustkorbbewegungen

		▪ **Falls der Patient nicht normal atmet: Rettungsdienst (112) alarmieren!!**
Ablauf der Reanimation: (variiertes ABC-Schema!)	**A:**	Atemwege freimachen/freihalten
1. ⇒	**C:**	**Zirkulation herstellen**
	B:	Beatmung
	D:	„Drogen"-Behandlung
	E:	Elektrische Therapie
	F:	Fortführende Maßnahmen.
Atemwege freimachen:	1. Esmarchscher Handgriff	Überstrecken des Kopfes, Unterkiefer mit den Fingern beider Hände im Kieferwinkel anheben. Öffnen des Mundes durch Druck des Daumens auf das Kinn.
	2. Reinigung der Mundhöhle und des Rachens (Fremdkörper!)	Lockeres Gebiß entfernen!
Atemwege freihalten:	⇒ Stabile Seitenlage	Wenn Atmung und Herzfunktion normal
	⇒ Pharyngealtuben:	▪ Guedeltubus ▪ (oropharyngeal) ▪ Wendeltubus ▪ (nasopharyngeal)
	⇒ Intubation	In der Regel durch den Arzt
Beatmung:	Formen:	▪ Mund zu Mund/Nase ▪ Maskenbeatmung ▪ Maschinelle Beatmung.
	Durchführung:	▪ Überstrecken des Kopfes!! ▪ Atembewegung des Thorax beobachten. ▪ Mund oder Nase abdichten! ▪ Frühzeitige O_2-Gabe.
	Achtung: Keine Mund zu Mundbeatmung bei :	Vergiftungen mit Insektiziden, CO, Kohlenwasserstoffen.
	Maschinelle Beatmung:	1. Kontrollierte B. (konstant) 2. Assistierte B. (unterstützend).

Zirkulation wiederherstellen:	**Herz-Druckmassage:** Durchführung:	1. Pat. Flach auf harte Unterlage legen! 2. Druckpunkt unteres Sternumhälfte = Mitte der Brust 3. Senkrecht gestreckte Arme!! 4. Frequenz: 100-120/min 5. Sternum 5-6cm eindrücken in Richtung Wirbelsäule
	Merke: Verhältnis Beatmung/Herzmassage:	**30:2!**
	Gefahren:	▪ Rippen u. Sternumbruch ▪ Pneumothorax ▪ Leber u. Milzruptur
	Effektivität wenn:	▪ tastbarer Carotispuls ▪ Pupillen enger ▪ Hautfarbe rosiger.
Medikamente:	Infusionslösungen Natriumbikarbonat Adrenalin, Atropin, Xylo-kain.	
Elektrotherapeutische Maßnahmen:	**Defibrillation:** Bei Kammerflimmern oder flattern. Den Anweisungen des Defibrillators folgen!	Plattenelektroden auf Brust u. Rücken oder: ▪ Herzspitze, vordere Axillarlinie ▪ Herzbasis rechts parasternal unter der Clavicula.
Fortführende Maßnahmen:	▪ Überwachung ▪ Transport ins KH.	
Schock: **Definition:**	Kreislaufversagen mit akuter, unzureichender Durchblutung lebenswichtiger Organe Folge:	Organschäden durch Hypoxie. Multiorganversagen!
Formen:	▪ Volumenmangel : ▪ Kardiogen: ▪ Anaphylaktisch: ▪ Septisch	Blut - u. Flüssigkeitsverlust Herzversagen Allergische Reaktion Endotoxine aus Bakterien

Verlauf:	Frühphase: **Zentralisation des Kreislaufs.**	Aufrechterhaltung der Durchblutung lebenswichtiger Organe zu Ungunsten von Haut und Gliedmaßen.
	Symptome:	▪ Kalte, blasse Haut ▪ Kalter Schweiß ▪ Tachykardie ▪ RR-Abfall
	Fortbestehender Schock: = **Irreversible Organschäden**	▪ Hypoxie ▪ Azidose ▪ Kapillarstase ▪ Gerinnungsstörungen.
	Symptome:	▪ Feuchte kalte blasse Haut ▪ Tachykardie ▪ Blutdruckabfall ▪ Tachypnoe ▪ Bewußtseinssstörung ▪ Oligurie (Harnproduktion<500ml/ Tag) ▪ Anurie (Harnproduktion< 100 ml /Tag)
	Schockindex: Norm:	Herzfrequenz / syst. RR 0.5 > 1 = Schockgefahr 1,5 = ausgeprägter Schock.
	Sofortmaßnahmen:	▪ Schocklagerung!! ▪ Erhaltung der Vitalfunktionen (ABC-Schema) ▪ Volumenauffüllung durch Infusion ▪ Sauerstoff!! ▪ Je nach Ursache medikamentöse Beh.
Kollaps:	Kurzzeitiger Bewußtseinsverlust mit Hypotonie. Ursache meist banal:	▪ Schmerz, Angst ▪ Langes Stehen, RR – Abfall. ▪ Sauerstoffmangel („schlechte Luft“) ▪ Schneller Lagewechsel.

	Maßnahmen:	▪ Schocklagerung ▪ Frische Luft, O_2 ▪ Puls und RR überwachen ▪ Evtl. Infusion
<u>Injektionszwischenfall:</u>	Überempfindlichkeits-reaktion auf Medikamente:	Analgetika, Antibiotika, Lokalanästhetika, Röntgenkontrastmittel (Jodallergie!)
	<u>Allgemeinsymptome:</u> **<u>Merke:</u>** **Allgemeinsymptome = Warnsymptome!!**	▪ Juckreiz ▪ Brennen und Hitzegefühl auf der Haut ▪ Übelkeit, Erbrechen ▪ Hautrötung, Urticaria ▪ Hustenreiz ▪ Frösteln ▪ Schleimhautödem ▪ Atemnot
	<u>Symptome bei schwerwiegender Reaktion:</u>	▪ Schock ▪ Lungenödem ▪ Asthmaanfall ▪ Glottisödem (Erstickungsgefahr!) ▪ Herzstillstand ▪ Krampfanfall ▪ Bewußtlosigkeit
	<u>Prophylaxe:</u>	▪ Anamnese ▪ Überwachung ▪ Notfallausrüstung bereit halten!!
	<u>Therapie:</u>	▪ Injektion/Infusion sofort beenden ▪ **Kanüle liegen lassen!!** ▪ Schockbekämpfung ▪ ABC – Schema ▪ Medikamente: ▪ O_2, Adrenalin, ▪ Antihistaminikum, ▪ Cortison.

Lernfeld 8

Patienten bei diagnostischen und therapeutischen Maßnahmen der Erkrankungen des Urogenitalsystems begleiten

Harnorgane

Gliederung in:	1. **Nieren (renes)** 2. **Harnleiter (Ureter)** 3. **Harnblase (vesica urinaria)** 4. **Harnröhre (urethra)**	
Die Niere (ren):	Paarig angelegtes Organ im Retroperitonealtaum	
	Größe:	11-12 cm lang; 5-6 cm breit 3-4 cm dick. Bohnenförmig.
	Gewicht:	120-300 g.
	Lage:	Rechte Niere unterhalb der Leber, linke unterhalb der Milz. Die linke steht etwas höher.
Aufgaben der Nieren:	1. **Harnproduktion** 2. Kontrolle der **Salz- u. Wasserausscheidung.** 3. Konstanthaltung des **ph-Wertes** im Blut 4. **Ausscheidung von Endprodukten des Stoffwechsels:** 5. **Ausscheidung von Giftstoffen und Arzneimitteln.** 6. **Hormonproduktion:**	Harnpflichtige Substanzen: ▪ Harnsäure ▪ Harnstoff ▪ Kreatinin Renin, Erythropoetin, Vit. D.
Aufbau der Niere:	▪ Nierenkapsel ▪ Nierenhilus (Eintrittspforte) ▪ Nierenrinde ▪ Nierenmark:	▪ 10-20 **Pyramiden** mit Nierenpapillen ▪ 8-12 Nierenkelche
Der Feinbau der Niere:	Funktioneller Baustein ist das **Nephron:**	
	Es besteht aus: ▪ **Nierenkörperchen :**	Liegen in der Nierenrinde! ⇒ Gefäßschlinge = **Glomerulus/um** ⇒ **Bowman - Kapsel**
	▪ Harnkanälchen = **Tubulus:**	▪ Proximaler Tubulus ▪ Henlesche Schleife ▪ Distaler Tubulus

	Der distale Tubulus mündet in ein **Sammelrohr** und dieses auf der Nierenpapille in einen Nierenkelch.	Die **Markpyramiden** bestehen aus Bündeln von Sammelrohren.
Aufgabe der Nierenkörperchen:	Bildung des **Primärharns:**	Im Glomerulus wird Blutplasma mit allen gelösten Stoffen abfiltriert. Eiweiß und Blutzellen werden zurückgehalten. ca. 180 Liter /Tag!!
Aufgabe der Nierentubuli:	1. Bildung des **Sekundärharns:** Ca. 1,5 – 2 Liter /Tag 2. **Stoffaustausch:**	▪ Der größte Teil des Primärharns wird wieder **resorbiert und konzentriert** ▪ **Austausch von Salzen** (Na, K, Cl) ▪ **Austausch von Säuren und Laugen** **Resorption** von Glucose und Aminosäuren. **Sekretion** von harnpflichtigen Substanzen.
Die ableitenden Harnwege: (Übergangsepithel!)	8-12 Kelche ergeben das **Nierenbecken (Pyelon)** Aus diesem entspringt der **Ureter.**	
	Harnblase:	Muskuläres Hohlorgan hinter dem Schambein in kleinen Becken.
	Urethra:	Der **Schließmuskel** besteht aus: ▪ Glatter, unwillkürlicher Muskelschlinge ▪ Quergestreifter, willkürlicher Ringmuskulatur.

Geschlechtsorgane

Aufgaben:	1. Produktion von Geschlechtszellen 2. Produktion von Sexualhormonen 3. Bilden Sekrete 4. Dienen dem Geschlechtsverkehr.	Samenzelle = Spermium Eizelle = Ovum Gleitfähigkeit, optimales Milieu.
Geschlechtsmerkmale:	▪ Primäre ▪ Sekundäre	Zur Fortpflanzung nötige Organe. Entwickeln sich während der Pubertät
Die männlichen Organe:	Die inneren Geschlechtsorgane:	▪ Hoden (testis) ▪ Nebenhoden (epididymis) ▪ Samenleiter (ductus deferens) ▪ Prostata ▪ Samenbläschen ▪ Cowper-Drüsen
	Die äußeren Geschlechtsorgane:	Penis, Hodensack (Skrotum)
Hoden:	Der Hoden besteht aus 200 kleinen Läppchen	Enthalten die Hodenkanälchen (350m).Enthalten **Keimepithel**. Aus Keimzellen werden Samenzellen (haploid). Temp. 2-5° kühler.
	Aufgaben der Hoden:	▪ Samenzellproduktion ▪ Hormonproduktion.
Das Sperma:	▪ **Spermien** ▪ (Ejakulation = Samenerguss : 2-6 ml, 80-100 Mill/ml!) ▪ **Sekrete** aus Prostata, (75% aus Samenbläschen.) ▪ **Enzyme**, die die Spermien aktivieren u. beweglich machen.	Größe: 1/20 mm. Bildung: 3-4 Mill/h oder 1000/sek. **Bleiben 4 Tage befruchtungs-fähig.**
Nebenhoden:	5 m langer geschlängelter Gang zur Samenspeicherung Übergang in den Samenleiter	Ductus epididymidis Spermien durch saures Milieu ruiggestellt. Verweildauer 10-12 Tage. Ductus deferens mündet in der Prostata in die urethra..

Geschlechtsdrüsen:	**1. Samenbläschen (paarig)**	10 cm lang auf der Rückseite der Harnblase. Alkalisches proteinreiches Sekret. Fruktose. Macht Spermien beweglich.
	2. 2 Cowper-Drüsen	Am Ende des corpus spongiosum in der Beckenbodenmuskulatur. Bildet alkalisches Sekret Neutralisiert saures Harnröhrenmilieu.
	3. Prostata = Vorsteherdrüse	Unpaar an der Unterfläche der Harnblase. 40 einzelne Drüsen. Leicht saures Sekret mit kastanienartigen Geruch. Erhöht die Beweglichkeit und Befruchtungsfähigkeit der Spermien. (Spermin).
Penis	Besteht aus Schaft und Eichel (Glans penis) . Der Schaft besteht aus **Schwellkörpern:**	
	▪ Corpus cavernosum:	Paarig. Schwammartige Hohlräume, die die Erektion ermöglichen.
	▪ Corpus spongiosum:	Unpaar. Endet mit der Eichel und enthält die urethra.
Die weiblichen Geschlechtsorgane:	Innere Organe:	Ovarien, Tuben, Uterus Vagina. Adnexe = Eierstock + Eileiter
	Äußere Organe:	Vulva.
Ovarien(paarig):	**Aufgaben:**	▪ Eizellbildung (Oogenese) ▪ Bildung von Sexualhormonen

	Follikelreifung: Zum Zeitpunkt der Geburt enthalten beide Ovarien etwa 1 Mill. Primärfollikel von denen bis zur Pubertät eine große Zahl zugrunde geht. Mit Beginn der Pubertät Entwicklung über den Sekundärfollikel zum Tertiärfollikel. Dieser wandelt sich in den sprungreifen **Graafschen Follikel.** Aus dem entleerten Follikel bildet sich der **Gelbkörper (corpus luteum).**	
	Hormonbildung:	▪ **Östrogene:** im Follikel ▪ **Gestagene:** im Gelbkörper (Progesteron bis 4. Schwangerschaftsmonat).
Die Eileiter (Tuben): Verbinden Uterus mit Ovarien.10 – 17 cm lang.	**Aufgaben:**	▪ Aufnahme des Eies nach der Ovulation.(Fimbrien der Ampulle) ▪ Einschichtiges **Flimmerepithel!** Fördert Transport der befruchteten Eizelle in Richtung Gebärmutter. **Tubenwanderung des Keimes 4-6 Tage!**
Die Gebärmutter (uterus):	▪ Fundus uteri ▪ Corpus uteri ▪ Cavum uteri- ▪ Cervix uteri **Wandaufbau:**	Der in die Scheide vorragende Halsteil (**portio vaginalis)** hat eine Öffnung, den **Muttermund.** ▪ **Perimetrium** (Peritoneum = Bauchfell). ▪ **Myometrium** (Muskelschicht) ▪ **Endometrium** (Schleimhaut).
	Aufgabe:	Fruchthalter. Gewicht 50 g, in der Schwangerschaft 1000 g!
Die weiblichen Sexualhormone:	Gonadotropin-Releasing Hormon (Hypothalamus) stimuliert die Hypophyse (HVL) zur FSH u. LH Freisetzung.	**FSH:** Follikelstimulierendes Hormon. Es bewirkt die Reifung der Eizelle u. die Ausschüttung von Östrogenen aus den Ovarien. **LH:** Luteinisierendes

		Hormon. Bewirkt zusammen mit FSH den Eisprung u. die Bildung des Gelbkörpers mit Progesteronproduktion.
	Wirkung der Östrogene:	▪ Wiederaufbau des Endometriums nach der Menstruation. ▪ Anabole Wirkung ▪ Fördert Ausbildung der sekundären Geschlechtsmerkmale. ▪ Steigerung des Sexualtriebes.
	Wirkung des Progesterons:	▪ Vorbereitung des Endometriums auf die Aufnahme der Frucht. ▪ Wassereinlagerung in das Gewebe. ▪ Vorbereitung der Milchproduktion in der Brust. ▪ Unterstützt in den ersten Wochen der Schwangerschaft das Wachstum der Frucht.
Die Scheide (Vagina)	8-12 cm langer Muskelschlauch Unverhorntes mehrschichtigen Plattenepithel	**Hymen** = Jungfernhäutchen Sekret stammt aus der Cervix. und enthält Milchsäure. (Laktat) gebildet von **„Döderlein-Bakterien“**aus Glykogen.(aus abgestorbenen Epithelzellen der Vagina. **ph:** 4.0 Schützt vor aufsteigenden Keimen.
Das äußere weibliche Genital:	1. Schamlippen	große **(labia majora)** kleine **(labia minora)**
	2. Klitoris (Kitzler) 3. Scheidenvorhof	Schwellkörper bis zu 3 cm lang. ▪ Urethra ▪ Scheideneingang ▪ Große Vorhofdrüsen (Bartholin – Drüsen).
Die weibliche Brust:	Bildet sich in der Pubertät.	
	Aufbau:	15 – 20 Drüsenlappen eingebettet in Fettgewebe. Die Ausführungsgänge (Milchgänge) münden auf der Brustwarze (**Mamille).**

<u>**Der Menstruationszyklus:**</u>	Der Zeitraum vom ersten Tag der Regelblutung (**Menstruation**) bis einschließlich zum letzten Tag vor der nächsten Regelblutung	
Zyklusphasen der Uterusschleimhaut:	1. **Menstruation (1.-4.Tag)**	Die Schleimhaut wird abgestoßen
	2. **Proliferationsphase (vor dem Eisprung):**	Unter dem Einfluss der **Östrogene** aus dem Follikel wird die Gebärmutterschleimhaut wieder aufgebaut
	3. **Sekretionsphase: (nach dem Eisprung)**	Unter dem Einfluss der **Gestagene** aus dem Gelbkörper winden sich die Drüsenschläuche korkenzieherartig und produzieren ein schleimiges Sekret, das für die Einnistung der befruchteten Eizelle (Implantation) wichtig ist. = Vorbereitung auf die Schwangerschaft.
Zyklusphasen im Ovar:	1. **Follikelphase:**	Unter dem Einfluss des Hormons **FSH** aus der Hypophyse reift eine Eizelle bis zum sprungreifen Graafschen Follikel heran. Das FSH regt den Follikel zur Östrogenbildung an
	2. **Ovulation :**	Etwa in der Mitte des Menstruationszyklus bewirken **FSH und LH** zusammen den **Eisprung.**
	3. **Gelbkörperphase:**	Unter dem Einfluss von **LH** wandelt sich der geplatzte Follikel in den **Gelbkörper (corpus luteum)** um

		und regt diesen zur Produktion der Gestagene (Progesteron) an. Kommt es zu keiner Schwangerschaft bildet sich der Gelbkörper zurück, der Gestagenspiegel sinkt ab, die Schleimhaut wird abgestoßen. Im Falle einer Schwangerschaft bleibt der Gelbkörper bestehen, verhindert eine Menstruation und wird erst durch die Plazenta funktionslos.

Übersicht über den Menstruationszyklus

	Ovar		**Uterus**	
Phase im jeweiligen Organ	Follikelphase	Gelbkörperphase	Proliferations-phase	Sekretionsphase
Hormone, die diese Veränderungen bewirken	FSH	LH	Östrogene	Gestagene
Bildungsort dieser Hormone	Hypophyse	Hypophyse	Follikel im Ovar	Gelbkörper im Ovar

Die Schwangerschaft

=**Gravidität**. Die Zeit von der Befruchtung bis zur Geburt. **Dauer**: 9 Monate oder 40 SSW 10 Mondmonate = 280 Tage.		
Einteilung in 3 Abschnitte (Je 3 Monate oder 13 SSW):	1. Trimenon 2. Trimenon 3. Trimenon	1. - 3. Monat 4.– 6. Monat 7. Monat bis Geburt (39. – 42. SSW)
	Ort der Befruchtung:	Oberer Teil des Eileiters!!!
		Ovum + Spermium = Zygote
	Weitere Entwicklung: Furchungsteilungen führen zur :	**Morula**(Maulbeere) **Blastozyste** (Keimblase)
	Blastozyste enthält die eigentliche Embryonalanlage: Nidation der Blastozyste zwischen 4. u. 6. Tag nach der Befruchtung. Produziert **HCG**	**Embryoblast** Choriongonadotropin. Notwendig um die Funktion des Gelbkörpers aufrecht zu erhalten.
	Der Embryoblast differenziert sich in **3 Keimblätter:**	1. Äußere Schicht = **Ektoderm** (Nervensystem, Haut, Sinnesorgane) 2. Mittlere Schicht = **Mesoderm** (Muskeln, Herz, BG, Skelett, Nieren, Geschlechtsorgane, Blutkörperchen) 3. Innere Schicht = **Entoderm** (Atmungs- u. Verdauungsorgane, Leber, SD, Pankreas.
	Ab dem 10. Tag heißt die Frucht	**Embryo**
	Nach Abschluss der Organbildung (13.SSW) heißt der Keim:	**Foetus**
	Amnion:	Fruchtblase
	Plazenta: Mutterkuchen. **Chorion** = kindlicher Teil der Plazenta.	Gas- u. Nährstoffaustausch **Plazentaschranke!** Produziert Östrogene, Progesteron, HCG.

	Nabelschnur	1. Nabelvene: sauerstoffreiches Blut von Plazenta zur Vena cava. 2. Nabelarterien: sauerstoffarmes Blut von den Beckenarterien zur Plazenta.

Die Geburt

3 Phasen:	**1. Eröffnungsperiode:**	Vom Einsetzen regelmäßiger Wehen bis zum **Blasensprung** Dauer : 5 – 10 Std. (1. Kind) 2 – 4 Std. (Mehrfachgebärende)
	2. Austreibungsperiode	Vom Blasensprung bis zur Geburt. Dauer: 15 – 30 Minuten **Presswehen:** alle 2-3 Min. für 60-70 Sekunden. Normale Lage des Kindes: **Hinterhauptslage!**
	3. Nachgeburtsperiode	Etwa 15 – 30 Minuten nach der Geburt löst sich die Plazenta als **Nachgeburt**. Blutverlust ca. 300 ml. Die Mutter heißt jetzt **Wöchnerin .** **Wochenbett** = 6-8 Wochen nach der Geburt. Rückbildung des Uterus, Gewebeabbau. **Wochenfluss = Lochien**
	Errechnung des Geburtstermins:	▪ **Naegele – Regel:** (nicht prüfungsrelevant!) (1.Tag der letzten Menstruation minus 3 Kalendermonate plus 7 Tage plus 1 Jahr = Geburtstermin.) Wird nicht gefragt! Nur den Namen merken. ▪ **Mit Ultraschall (Kopfumfangmessung)**

Diagnostik bei Erkrankungen des Urogenitalsystems

Rektale Untersuchung:	Siehe Kapitel Ärztliche Untersuchung	
Gynäkologische Untersuchung:	Auf dem gynäkologischen Stuhl in **Steinschnittlage.**	
	Die Untersuchung umfasst:	
	▪ **Die bimanuelle Palpation** der inneren Geschlechtsorgane.	Vorher Blase entleeren lassen und evtl. Mittelstrahlurin auffangen lassen.
	▪ **Die Spekulum-Untersuchung**	
	▪ Bakteriologische/zytologische **Abstriche**	
	▪ Evtl. Gewebsprobenentnahme	
	▪ Rektale Untersuchung	
	Für die Untersuchung werden benötigt:	
	▪ Einmalhandschuhe ▪ Spekulum ▪ Watteträger und Spatel ▪ Bürstchen zur Gewinnung von Zellen aus dem Zervikalkanal ▪ Objektträger	
Harndiagnostik:	Normale Harnmenge:	ca. 1,5 l/24 h (500-2500 ml)
	Polyurie: > 2500 ml/Tag	▪ Bei gesteigerter Trinkmenge ▪ Bei Diabetes mellitus
	Oligurie: < 500 ml/Tag	▪ Bei hohem Flüssigkeitsverlust ▪ Bei mangelnder Flüssigkeitszufuhr
	Anurie: < 100 ml/Tag	▪ Beginnendes Nierenversagen ▪ Mechanisches Abflusshindernis
	Harngewinnungsmethoden:	
	▪ **Morgenurin:**	Der erste am Morgen ausgeschiedene Urin. Er ist am längsten in der Blase und deshalb am konzentriertesten. Besonders geeignet für die Sedimentuntersuchung.
	▪ **Mittelstrahlurin:**	Nach Reinigung der Harnröhrenöffnung wird der

		erste Strahl in die Toilette gelassen, der mittlere Strahl wird in ein sauberes Einmalgefäß aufgefangen, der restliche Urin geht in die Toilette.
	▪ **Sammelurin:**	= 24 Stundenurin. Zunächst wird morgens die Blase entleert, dann beginnt die Sammelperiode, die mit dem Morgenurin des nächsten Tages endet. Das Sammelgefäß muss kühl und dunkel aufbewahrt werden. Zur Haltbarmachung kann dem Urin ein Konservierungsmittel zugesetzt werden.
	▪ **Punktionsurin:**	Uringewinnung durch Blasenpunktion
	▪ **Katheterurin:**	Über Blasenkatheter gewonnener Urin
Katheterisierung der Harnblase:	Der Blasenkatheter ist ein steriles Hohlrohr aus Kunststoff oder Gummi, das über die Harnröhre in die Blase eingeführt wird.	Der Katheter muss unter sterilen Bedingungen gelegt werden. Es dürfen keine Keime in die Blase verschleppt werden!
	Indikation:	▪ Gewinnung eines sterilen Urins ▪ Bestimmung der Restharnmenge ▪ 24 Stunden Flüssigkeitsbilanz ▪ Harnabflussstörungen ▪ Inkontinenz ▪ Nach Operation
	Katheterarten: Der Durchmesser des Katheters wir in **Charriere** angegeben. 1Ch = 1/3 mm	▪ Einmalkatheter zur Harngewinnung ▪ Dauerkatheter = Ballonkatheter
	Folgende Hilfsmittel sind bereitzulegen:	▪ Steril verpackter geeigneter Katheter ▪ Sterile Handschuhe ▪ Sterile Tupfer ▪ Desinfektionslösung ▪ Zellstoffunterlage ▪ Urinbehälter ▪ Evtl. steriles Röhrchen für bakteriologische Untersuchung

		▪ Zum Blockieren des Ballonkatheters eine 10ml Spritze mit sterilem Aqua destilata ▪ Beim Mann zusätzlich sterile anatomische Pinzette, Spritze mit sterilem Gleitgel mit Lokalanästhetikum
Amniozentese:	Entnahme von Fruchtwasser aus der Fruchtblase (Punktion mit langer Nadel durch die Bauchdecke unter Ultraschallkontrolle)	Das Fruchtwasser enthält kindliche Zellen, die für eine humangenetische Untersuchung gewonnen werden.
Apparative Diagnostik:		
Röntgenuntersuchungen	▪ **Iv-Pyelogramm**: ▪ **MCU = Miktions-cysturogramm**: ▪ **CT = Computer-tomographie**	der Patient erhält eine Kurzinfusion mit einem Kontrastmittel, das schnell über die Nieren ausgeschieden wird. Auf den Aufnahmen zeigen sich die Umrisse der Nieren, Nierenbecken und ableitende Harnwege. die Harnblase wird über einen Katheter mit Kontrastmittel gefüllt. Während der Miktion wird geröntgt.
Endoskopie:	▪ **Zystoskopie** ▪ **Kolposkopie** ▪ **Hysteroskopie** ▪ **Laparoskopie**	Blasenspiegelung Scheidenspiegelung. (Kolposkop = 20fach vergrößernde beleuchtete Lupe) Spiegelung der Uterushöhle Bauchspiegelung
Szintigraphie		Siehe Kapitel Röntgen
Sonographie		Siehe Kapitel Ultraschall
Uroflowmetrie:		Gemessen wird die pro Zeiteinheit aus der Blase abfließende Harnmenge

Erkrankungen des Urogenitalsystems/Fachbegriffe

Adnexitis	Entzündung von Eileitern und Eierstöcken. Aufsteigende Infektion z.B. durch Gonokokken oder Clamydien.(häufig sexuell übertragen)	**Symptome:** ▪ Heftige Unterleibsschmerzen ▪ Hohes Fieber
Amenorrhoe	Ausbleiben der Regelblutung	
Dialyse	Blutwäsche durch die künstliche Niere	
Dysmenorrhoe	Schmerzhafte Menstruation	
Dysurie	Erschwerte (schmerzhafte) Blasenentleerung, oft in Kombination mit Pollakisurie	Ursache häufig Harnwegsinfektion
Endometriumkarzinom = Korpuskarzinom	Gebärmutterkrebs	Meist nur in der Postmenopause
Glomerulonephritis	Entzündliche oder nichtentzündliche Erkrankung der Nierenkörperchen (Glomeruli)	▪ **Symptome:** ▪ Hämaturie ▪ Proteinurie ▪ Hypertonie ▪ Oligurie
Hämaturie	Blutbeimengung im Urin:	▪ Sichtbar = Makrohämaturie ▪ Unsichtbar = Mikrohämaturie (> 4 Erys/Gesichtsfeld im Sediment)
Harninkontinenz	Unwillkürlicher Harnabgang bei fehlender Kontrolle über den Schließmuskel	▪ Stress- oder Belastungsinkontinenz bei Druck auf den Schließmuskel z.B. beim Lachen oder Husten. ▪ Drang- oder Urgeinkontinenz bei unaufschiebbaren Harndrang.
Harnwegsinfektion	▪ Der Harnröhre = **Urethritis** ▪ Der Harnblase = **Zystitis** ▪ **Symptome:**	Meist Aufsteigen von Darmbakterien (E. coli) Frauen häufiger betroffen! (kurze Urethra) Dysurie, Pollakisurie, Unterbauchschmerzen, selten Fieber.
Hypermenorrhoe	Verstärkte Blutung	
Kolpitis	Scheidenentzündung	Bakterien, Trichomonaden, Pilze

Mammakarzinom	Brustkrebs Häufigstes Karzinom der Frau **Risikofaktoren:** ▪ Familiäre Belastung ▪ Frühe Menarche (<12. Lj) ▪ Späte Menopause ▪ Adipositas in der Postmenopause ▪ Täglicher Alkoholkonsum ▪ Rauchen ▪ Fettreiche Ernährung(gesättigte Fette)	**Symptome:** ▪ Derber, schmerzloser Knoten (häufig im oberen äußeren Quadranten) ▪ Einziehung der Haut ▪ Evtl. Lymphknoten und Knochenmetastasen
Mastopathie	Gutartige Erkrankung der Brust, die mit Zystenbildung und Bindegewebsverhärtung einhergeht **Ursache:** Hormonungleichgewicht.	**Symptome:** Anschwellen der Brust praemenstruell, Spannungsgefühl, Druckschmerz, knotige Verhärtungen Häufig wird zur Diagnostik eine **Feinnadelbiopsie** durchgeführt.
Menorrhagie	Verlängerte Blutung	
Niereninsuffizienz	Ausscheidungsstörung der Niere durch Verlust funktionsfähiger Nephrone	Verschiedene Schweregrade (Stadien) mit zunehmender Kreatininerhöhung im Blut bis zum Nierenversagen (= terminale Nierensuffizienz)
Nykturie	Nächtlicher Harndrang	Symptom bei Herzinsuffizienz
Ovarialkarzinom	Eierstockkrebs	
Pollakisurie	Häufiger Harndrang mit Entleerung kleiner Mengen.	Harnmenge insgesamt normal
Polyurie	Ausgeschiedenes Harnvolumen > 3 l/24 h	
Prostatahyperplasie (PH) (Adenom)	Gutartige Vergrößerung der Prostata mit zunehmender Einengung der Harnwege **PSA = Prostataspezifiches Antigen**	**Symptome:** ▪ Abgeschwächter Harnstrahl ▪ Verlängerte Miktionszeit ▪ Erhöhte Miktionsfrequenz ▪ Restharn ▪ PSA Wert erhöht

Prostatakarzinom	Dritthäufigstes Karzinom beim Mann	**Symptome:** wie bei PH, später Knochenmetastasen
Prostatitis	Meist aufsteigende bakterielle Entzündung der Prostata	**Symptome:** ▪ Dysurie ▪ Fieber
Pyelonephritis	Entzündung des Nierenbeckens und nachfolgend des Nierenparenchyms (Gewebe)	**Symptome:** ▪ Bakteriurie ▪ Fieber > 38° C evtl. mit Schüttelfrost ▪ Flankenschmerzen ▪ Übelkeit, Erbrechen
Urämie	Harnvergiftung bei terminaler Niereninsuffizienz	
Urolithiasis/Nephrolithiasis	Steinbildung im Hohlsystem der Niere und /oder der ableitenden Harnwege	**Symptome:** ▪ Kolikartige Schmerzen ▪ Hämaturie ▪ Häufig symptomlos so lange sich die Steine nicht bewegen!
Uterusmyome	Gutartige kugelige Tumoren des Myometriums	
Zervixkarzinom	Gebärmutterhalskrebs Entwicklung über Vorstufen:	**Risikofaktor:** Papillomavirusinfektion! (HPV= humanes Papilloma Virus) Impfung möglich! **Symptome:** Azyklische Blutungen. **Abstrichuntersuchung** im Rahmen der Krebsvorsorge!!

Sexuell übertragbare Krankheiten

Gonorrhoe	Tripper Erreger: **Gonokokken**	**Symptome:** ▪ Urethritis ▪ Dysurie ▪ Eitriger Ausfluss ▪ Juckreiz
Syphilis (Lues)	Erreger. **Treponema pallidum** Verlauf in mehreren Stadien : ▪ Primärstadium (nach 2-12 Wochen): ▪ Sekundärstadium(6-8 Wochen später) ▪ Tertiärstadium (nach Monaten bis Jahren) ▪ Neurolues	Schmerzloses Ulcus an Penis oder Zervix. Abheilung nach 5 Wochen Hautexanthem, Abklingen nach 4 Wochen Organmanifestationen z.B. Haut, Knochen, Aorta Chronische Enzephalitis mit geistigem Abbau bis Demenz. Gangunsicherheit, Schmerzattacken.
Trichomoniasis	Erreger: Trichomonas vaginalis	Urethritis, Kolpitis
Condylomata acuminata	Feigwarzen Erreger: HPV	
AIDS	= acquired immunodeficiency syndrome Erreger: **HIV** (human immunodeficiency virus) **Übertragungswege:** **Symptome:**	▪ Befall der T-Helfer-Zellen führt zu Immunschwäche ▪ Intime Sexualkontakte ▪ I.v. Drogenmissbrauch mit Nadeltausch ▪ Von der Mutter auf das Kind währen der Schwangerschaft, Geburt und beim Stillen ▪ Parenteral durch infiziertes Blut, Blutprodukte, Spenderorgane ▪ Lymphome ▪ Pilzinfektionen ▪ Pneumonie ▪ Enzephalitis/Meningitis ▪ Exantheme

	<u>Sofortmaßnahme bei Stichverletzung in der Praxis:</u>	▪ Blutung für > 1 Minute fördern (kein Quetschen und Ausdrücken direkt im Einstichbereich, um keine Erregerverschleppung in tiefere Gewebsschichten zu begünstigen!) ▪ Tupfer mit viruzidem Antiseptikum satt benetzen, über der Stichstelle fixieren und für > 10 Minuten durch fortlaufende Applikation des Antiseptikums feucht halten. ▪ Arzt informieren ▪ Unfalldokumentation (D-Arzt) ▪ Blut zur serologischen Untersuchung abnehmen (HIV, Hepatitis B/C) ▪ Medikamentöse Postexpositions-prophylaxe (Kombination aus 3 Wirkstoffen)
Hepatitis B/C	s. Kapitel Hygiene	

Lernfeld 9

Patienten bei diagnostischen und therapeutischen Maßnahmen der Erkrankungen des Verdauungssystems begleiten.

Ernährung, Verdauung und Stoffwechsel

Aufgaben der Ernährung:	1. Energiegewinnung der Zellen durch Verbrennung der Nahrungsbestandteile	= **Biologische Oxydation** (Energiestoffwechsel)
	2. Lieferung von Bausteinen für den Aufbau von Körpergewebe und Wirkstoffen.	= **Biosynthese** (Aufbaustoffwechsel)
Nährstoffe:	Inhaltsstoffe der Nahrung, die der Mensch zur **Energiegewinnung** und zum **Aufbau von Körpersubstanzen** benötigt.	▪ Kohlenhydrate ▪ Fette (Lipide) ▪ Eiweiße (Proteine) ▪ Mineralstoffe ▪ Vitamine ▪ Spurenelemente ▪ Wasser
Verdauung:	Zerlegung der Nahrungsbestandteile in die Grundbausteine mit Hilfe der Verdauungsenzyme (Fermente) und Aufnahme in den Körper über die Darmschleimhaut.	
Energiegewinnung: **Nährstoffe + Sauerstoff ergibt Energie + Wasser + Kohlendioxid.**	Die Energie wird benötigt um:	▪ Muskelarbeit zu leisten ▪ Nervenarbeit zu leisten ▪ Körpertemperatur ▪ Chemische Arbeit für Verdauung und Stoffwechsel
	▪ Abbau von Kohlenhydraten zu: ▪ Abbau von Fetten zu: ▪ Abbau von Proteinen zu:	Einfachen Zuckern Glyzerin u. Fettsäuren Aminosäuren
Energieumsatz:		
1. Grundumsatz (GU):	Die Energiemenge, die ein Mensch bei völliger Ruhe, nüchtern, bei normaler Körpertemperatur und einer Umgebungstemperatur von 20°C zur Aufrechterhaltung seiner Körperfunktionen benötigt.	**Ca. 1 kcal / kg KGW / Std.** **1 kcal = 4,2 kJ (Kilo-Joule)** **1kJ = 0,24 kcal.**
2. Arbeitsumsatz:	Energieverbrauch durch Arbeit (Faustregel):	Leichte Arbeit: 1/3 GU Mittlere Arbeit: 2/3 GU Schwere Arbeit: 3/3 GU
3. Gesamtumsatz:	= Grund- + Arbeitsumsatz	
Energiegehalt der Nahrungsmittel:	Proteine: Kohlenhydrate:	4,1 kcal/g 4,1 kcal/g

	Fett: Alkohol:	9,3 kcal/g 7,1 kcal/g
Eine gesunde Ernährung soll bestehen aus :	55 – 60% KH 25 – 30% Fett 12 – 15% EW	
Nahrungsbestandteile:		
1. Kohlenhydrate = Saccharide:	C = Kohlenstoff H_2O = Wasser	
	Monosaccharide:	▪ Glucose = Traubenzucker ▪ Fructose = Fruchtzucker ▪ Galactose = Teil des Milchzuckers
	Disaccharide:	▪ Maltose = Malzzucker ▪ Lactose = Milchzucker ▪ Saccharose = Rohrzucker
	Oligo – u. Polysaccharide:	Stärke, Zellulose, Dextran
	Bedeutung der KH:	▪ Energielieferant aus der biologischen Oxidation ▪ Lieferant von C - Atomen für die Biosynthese ▪ Speicherung in Leber und Muskel als **Glykogen**. ▪ Gehirn, Nierenmark und Erythrozyten decken ihren Energiebedarf fast ausschließlich aus Glucose!!
	Vorgänge beim Hungern:	▪ Abbau der Glykogenspeicher ▪ EW – Abbau, Umwandlung von Aminosäuren in Glucose. Folge: Muskelschwund, Gewichtsabnahme Hungerödeme. ▪ Fettmobilisierung. Führt zu Ketonkörperbildung (Aceton im Urin!)

	Kohlenhydratquellen:	Brot, Kartoffeln, Reis, Nudeln, Backwaren, Obst, Süßigkeiten
2. Proteine:	Bestehen aus den Elementen:	▪ Kohlenstoff (C) ▪ Wasserstoff (H) ▪ Stickstoff (N) ▪ Sauerstoff (O) ▪ Schwefel (S)
	Eiweißbausteine:	**Aminosäuren (AS)**
	Essentielle Aminosäuren:	Beim Erwachsenen können 8 (beim Säugling 9) AS im Organismus nicht hergestellt werden, müssen also mit der Nahrung zugeführt werden!
	Der Gehalt an essentiellen AS bestimmt die **biologische Wertigkeit** : **Höchste biologische Wertigkeit:**	Tierisches EW ist höherwertiger als pflanzliches. Gemisch aus Kartoffel und Ei!
	Bedeutung der Proteine:	▪ Baustoffe für die Biosynthese. ▪ In geringem Maße als Energiequelle.
	EW – Quellen:	Fleisch, Fisch, Eier, Milch, Wurst, Gemüse.
	Eiweißminimum:	0,5g/kg KGW!
	Bedarf für normale Leistungsfähigkeit:	0,8-1g/kg KGW
	Erhöhter EW-Bedarf bei:	▪ Wachstum ▪ Schwangerschaft ▪ Sport ▪ Rekonvaleszenz
3. Fette:	**Triglyzeride:**	Bestehen aus: ▪ **Glyzerin** ▪ **Fettsäuren**
	Essentielle Fettsäuren = Vitamin F	= mehrfach ungesättigte Fettsäuren z.B. Linolsäure (pflanzliche Öle) - sind Muttersubstanz sog. Prostaglandine (Gewebshormone)
	Cholesterin: Liegt im Körper an EW gebunden vor = **Lipoproteine (LDL, HDL)**	Wird in Leber und Darmwand vom Körper selbst produziert. Kommt nur in tierischen Fetten vor.

	Cholesterin ist lebenswichtig:	1. Umbildung durch UV-Licht in Vitamin D 2. Umwandlung zu Steroidhormonen (Cortisol, Sexualhormne)
		3. Oxidation zu Gallensäuren 4. Einbau in Zellbestandteile
4. Vitamine:	= lebenswichtige Verbindungen, die der Organismus nicht selbst herstellen kann (**essentiell**)	Sie sind Bestandteil von Enzymen (**Co-Enzyme**) , d.h. sie sind beteiligt an der Steuerung chemischer Reaktionen im Körper.
Wir unterscheiden:	• **Fettlösliche Vitamine:**	**A, D, K, E**
	• **Wasserlösliche Vitamine:**	Alle übrigen.
	Vitamin:	**Wirkung:**
	A (Vorstufe ist das Karotin)	▪ Sehleistung (Mangel bewirkt **Nachtblindheit)** ▪ Hautschutz
	D	▪ Fördert Ca-Aufnahme im Darm und ▪ Ca-Einbau in den Knochen! (Mangel führt zu **Rachitis**)
	K	Fördert die Bildung von **Blutgerinnungsfaktoren** in der Leber.(Marcumar ist Vit. K-Antagonist)
	B12	= Cobalamin. Mangel führt zur **Perniziösen Anämie**
	C	Mangel führt zu Infektanfälligkeit und Schleimhautblutungen **(Skorbut)**
5. Mineralstoffe:	Unerläßliche anorganische Bestandteile des Körpers:	▪ Bestandteil körpereigener Substanzen ▪ Gelöst als Salze in den Körperflüssigkeiten = positiv und negativ geladene Ionen = **Elektrolyte**

	Natrium (Na)	▪ Bestandteil von NaCl = Natriumchlorid = Kochsalz. ▪ Wasserhaushalt (osmotischer Druck)
	Kalium (K)	Besonders im Zellinnern konzentriert. Zusammen mit Na wichtig für die elektrische Ladung von Zellmembranen (Muskelkontraktion, Nervenleitung)
	Chlor (Cl)	▪ Bestandteil von NaCl ▪ Bestandteil von HCl = Salzsäure (Magen)
	Calcium (Ca)	▪ Bestandteil von Knochen, Zähnen ▪ Notwendig zur Blutgerinnung ▪ Muskelkontraktion
	Magnesium (Mg)	Muskelfunktion
6. Spurenelemente:	= Stoffe, die im Körper nur in geringen Mengen (Spuren) vorkommen. Sie sind essentieller Bestandteil der Nahrung.	Bausteine vieler Substanzen:
	Jod:	Schilddrüsenhormone
	Kobalt:	Vitamin B12
	Eisen:	Hämoglobin
	Kupfer, Zink, Mangan:	Bestandteil von Enzymen.
7. Wasser:	Der Wassergehalt des Menschen beträgt ca. 60% des Körpergewichtes.	
	Aufgaben:	▪ Baustein ▪ Lösungsmittel ▪ Transportmittel ▪ Wärmehaushalt
	Täglicher Wasserbedarf:	**2,5 – 3,5 l**
Wasserbilanz (Beispiel):	**Einfuhr:** Getränke: 1300 ml Essen: 1000 ml Oxidations- Wasser: 350 ml	**Ausfuhr:** Niere: 1500 ml Haut: 450 ml Lunge: 550 ml Stuhl: 150 ml
	Summe: 2650 ml	2650 ml

Verdauungsorgane

Mundhöhle:	**Aufgabe:**	▪ Aufnahme der Nahrung ▪ Zerkleinerung mit Zunge und Zähnen ▪ Vermischung mit dem Speichel
Der Speichel:	Menge ca. 1,5 l /Tag. Wird gebildet durch:	▪ **Ohrspeicheldrüsen** (glandula parotis) ▪ **Unterkieferdrüsen** (gl. submandibularis) ▪ **Unterzungendrüsen** (gl. sublingualis)
	Aufgaben des Speichels:	1. Herstellung geformter, gleitfähiger Bissen 2. Beginn der Kohlenhydratverdauung **alpha-Amylase = Ptyalin =** stärkespaltendes Enzym spaltet Glykogen in Maltose. 3. Reinigung der Mundhöhle 4. Abwehrfunktion (bakterizide Wirkung)
Die Zähne:		
	▪ **Zahnkrone:**	ragt frei aus dem Zahnfleisch hervor. Das **Zahnbein (Dentin)** ist in diesem Bereich von **Zahnschmelz** überzogen.
	▪ **Zahnhals:**	von Zahnfleisch umgeben (Übergang von Krone zur Wurzel). An Stelle des Schmelzüberzuges tritt der **Zahnzement**.
	▪ **Zahnwurzel:** ▪ **Pulpahöhle (Zahnmark)**	steckt im Kieferknochen. Das Zahnbein ist von einer dünnen Schicht Zement überzogen. An der Spitze Eingang zum **Wurzelkanal**. Enthält Blut- und Lymphgefäße, Nerven

Das Gebiß:	Beim Erwachsenen **32 Zähne**	
	Zahnformel:	**2-1-2-3** (je Kieferhälfte) 2 Schneidezähne 1 Eckzahn 2 Backenzähne (Prämolaren) 3 Mahlzähne (Molaren) Die dritten Malzähne (Weisheitszähne) sind manchmal gar nicht ausgebildet.
	Das Milchgebiß:	**20 Zähne**
	<u>Zahnformel:</u>	**2-1-2** (Backenzähne fehlen!) Zwischen 6. und 12. Lebensmonat brechen die ersten Milchzähne durch. Mit 2 Jahren ist das Milchgebiß vollständig. Der **Zahnwechsel** beginnt meist mit dem 6. LJ und endet mit dem 12ten.
Die Zunge:		
	<u>Aufgaben:</u>	1. Mithilfe beim Kauen und Schlucken 2. Tastkontrolle bei der Reinigung der Mundhöhle 3. Saugen 4. Sprechen 5. Geschmacksempfindung
	Der Zungenrücken trägt die **Zungenpapillen:** Sie enthalten:	Fadenförmig, pilzförmig, warzenförmig, blätterförmig. ▪ Geschmacksknospen ▪ Schleim-und Speicheldrüsen ▪ Tastorgane
	Am Zungengrund finden sich die **Zungenbälge** = **Zungenmandel (Tonsilla lingualis)**	Teil des sog . **Lymphatischen Rachenringes** (Zungenbälge, Gaumen- und Rachenmandeln). Sie stehen im Dienste der Abwehr.
	4 Geschmacksqualitäten:	▪ Sauer ▪ Salzig ▪ Bitter ▪ Süß

Die Speiseröhre **(Ösophagus)**	Aufgabe Nahrungstransport 25 – 30 cm lang. Die Wand besteht aus **4 Schichten:**	1. Mucosa = Schleimhaut (mehrsschichtiges unverhorntes Plattenepithel) 2. Submucosa = BG + Gefäße + Nerven. 3. Muscularis = Muskelschicht (innere Ring- äußere Längsmuskelschicht). 4. Adventitia = Bindegewebige Verschiebeschicht zur Umgebung.
Der Magen (Gaster)	**Grundform:**	▪ **Cardia** = Mageneingang ▪ **Fundus** = Gewölbe ▪ **Corpus** = Körper ▪ **Angulusfalte** ▪ **Antrum** ▪ **Pylorus** = Magenpförtner ▪ **Große und kleine Kurvatur**
	Aufbau der Magenwand im Prinzip wie Ösophagus.	
	Aufgaben:	▪ Speiseresevoir ▪ Durchmischung mit Magensaft und portionsweise Abgabe an das Duodenum. ▪ Beginn der Eiweißverdauung (Pepsin) ▪ Keimabtötung durch Magensäure (HCl) ▪ Bildung des „Intrinsic-factors“
	Die Schleimhaut des Magens:	Einschichtiges prismatisches Epithel (Zylinderepithel)
	Magendrüsen:	▪ **Belegzellen:** produzieren HCl und Intrinsicfactor. Dieser ist notwendig zur Aufnahme von Vit. B12 im Darm ▪ **Hauptzellen:** produzieren Pepsinogen ▪ **Nebenzellen:** produzieren Schleim.

	Der Magensaft: (ph-Wert: 1,5 – 2) Tägliche Menge ca. 3 Liter!!	▪ **Pepsin:** Eiweißspaltendes Enzym. Bildet sich aus Pepsinogen. ▪ **Salzsäure = HCl** wirkt bakterizid und denaturiert Eiweiß ▪ **Muzin = Schleim**
	Peristaltik:	Wiederkehrende wellenförmige Muskelkontraktionen zur Durchmischung des Magen/Darminhaltes.
Der Dünndarm	**1. Duodenum**	Zwölffingerdarm
	2. Jejunum	Leerdarm
	3. Ileum	Krummdarm
	Aufgaben:	▪ Verdauung = Enzymatische Zerlegung der Nahrung in ihre Einzelbestandteile ▪ Resorption zusammen mit Salzen und Wasser ▪ Bildung zahlreicher Hormone z.B. Sekretin ▪ Aufgaben im Rahmen der Körperabwehr.
	Die Dünndarmschleimhaut:	Einschichtiges **Zylinderepithel** (hochprismatisch) + schleimbildende **Becherzellen**
	Die Schleimhautoberfläche wird vergrößert durch: 1. Ringförmige Falten 2. Fingerförmige Zotten 3. Bürstensaum der Zellmembran Auf eine Gesamtfläche von 120 m².	 **Kerckringsche Falten** **Villii** (1 mm hoch, 0,1 mm dick) **Mikrovilli**
	Dünndarmdrüsen	= Einsenkungen zwischen den Zotten = Krypten (Schleim u. Flüssigkeit)
	Mauserungszeit:	Die Zottenepithelien werden laufen abgestoßen und erneuert. Das gesamte Epithel wird innerhalb von 2 Tagen erneuert.
	Im Bereich der **duodenalen C-Schlinge** befindet sich eine warzenförmige Schleimhauterhebung :	Papilla Vateri

	Hier münden meist zusammen: der Gallengang der Bauchspeicheldrüsengang	 **Ductus choledochus** **Ductus pankreaticus**
<u>Der Dickdarm:</u>	**1. Caecum (Blinddarm)**	Daran hängt der Wurmfortsatz = **Appendix.** **(= Tonsille des Darmes)** Oberhalb davon Einmündung des Ileum (Bauhinsche Klappe)
	2. Colon (Grimmdarm)	▪ Colon ascendens ▪ Colon transversum ▪ Colon descendens ▪ Colon sigmoideum
	3. Rektum (Mastdarm)	
	4. After (Anus)	Analverschluß durch 1. **Schließmuskel**: ▪ Innerer = glatt (unwillkürlich) ▪ Äußerer = quergestreift (willkürlich) 2. **Schwellkörper** (krankhafte Vergrößerung = Hämorrhoiden)
	<u>Aufgaben:</u>	▪ Resorption von Wasser und Elektrolyten aus dem Darminhalt = Eindickung des Stuhles. **(Darminhalt = Chymus)** ▪ Schleimbildung ▪ Kotsammlung im Mastdarm. Über Dehnungsreflexe kommt es zur Darmentleerung. ▪ Physiologische Darmbakterien (**Darmflora**) bewirken über Gärungs und Fäulnisprozesse weiteren Abbau von Verdauungsrück-ständen sowie CO_2-Bildung und anderer Gase und Bildung von **Vit. K**

	Stuhl = **Fäzes**	100 – 200 g. Besteht zu 76 % aus Wasser, Epithelzellen, unverdaulichen Nahrungsresten, Mikroorganismen.
<u>Leber (Hepar):</u>	Größte Verdauungsdrüse des Körpers und zentrales Stoffwechselorgan	
	Lage:	Rechter Oberbauch, unterhalb des Zwerchfells. An ihrer Unterseite liegt die Gallenblase (Vesica fellea)
	Leberpforte:	1. Eintritt der A. hepatica 2. Eintritt der V. portae 3. Austritt des Gallenganges 4. Eintritt von Lymphgefäßen und Nerven.
	Leberläppchen:	= eigentliches Bauelement = vieleckiger Drüsenkörper von 1-2 mm Durchmesser, ausgefüllt von Leberzellplatten, die um ein zentrales Blutgefäß angeordnet sind. Neben dem Blutkapillarnetz gibt es noch ein Gallenkapillarnetz.
	<u>Aufgaben:</u>	
	▪ Regelung des **Blutzuckerspiegels**: Glykogenspeicher! Neubildung von Glucose aus Aminosäuren. ▪ Bildung von **Blutplasmaproteinen und Gerinnungsfaktoren.** ▪ **Fettsynthese, Cholesterinbiosynthese.** ▪ Bildung von Harnstoff, Harnsäure und Kreatinin = Endprodukte des Stoffwechsels = **harnpflichtige Substanzen.** ▪ Bildung des **Gallensaftes** ▪ Abbau überalterter Erythrozyten, **Bilirubinbildung** (= gelber Blutfarbstoff = Abbauprodukt des Hämoglobins) ▪ **Eisenspeicherung** ▪ **Ausscheidungs- und Entgiftungsfunktion.** (z.B. Medikamente, Alkohol)	
<u>Die Galle:</u>	Gallebildung:	▪ Täglich ca. 0,7 Liter ▪ Speicherung und Eindickung in Gallenblase

	Zusammensetzung der Galle:	▪ Wasser und Salze ▪ Gallensäuren ▪ Bilirubin ▪ Cholesterin ▪ Lecithin ▪ Steroidhormone
	Aufgabe der Galle:	Emulgierung der Fette im Darm. Damit wird deren Spaltung und Resorption möglich.
	Gallensteine:	Wenn das Mischungsverhältnis von Cholesterin, Gallensalzen und Lecithin nicht mehr genau stimmt, kommt es zur Bildung von Steinen.
<u>Die Bauchspeicheldrüse</u> (Pankreas):	Lage:	Quer im Oberbauch, hinter dem Magen (retroperitoneal), vor der Wirbelsäule in Höhe von L1/L2.
	Wir unterscheiden: ⇒ Kopf ⇒ Körper ⇒ Schwanz ⇒ Ausführungsgang	 **Caput** **Corpus** **Cauda** **Ductus pankreaticus**
	Das Pankreas besteht funktionell aus 2 Teilen:	
	1. Exokriner Teil:	▪ Produktion des Bauchspeichels
	2. Endokriner Teil:	▪ Inselapparat Langhans'sche Zellen Bestehen aus: ▪ **A-Zellen:** Glukagonproduktion ▪ **B-Zellen:** Insulinproduktion.
	Der Bauchspeichel: Zusammensetzung: ▪ **Bicarbonationen** ▪ **Verdauungsenzyme**	Täglich ca. 1,5-2 Liter Neutralisieren den sauren Magensaft **Trypsin/Chymotrypsin** zur Eiweißspaltung **Alpha-Amylase** **Maltase, Laktase, Saccharase** zur Kohlenhydratspaltung **Lipase** zur Fettspaltung

Diagnostik bei Erkrankungen des Gastrointestinaltraktes

1. Anamnese		
2. Körperliche Untersuchung		
3. Sonographie		
4. Endoskopie		
5. Röntgen/CT/MRT		
6. Mikrobiologische Untersuchungen:		
	▪ **Stuhl auf pathogene Keime**	Pflaumengroße Probe mit Löffelchen aus Toilette entnehmen. Urinbeimengungen vermeiden! Schneller Transport ins Labor Genaue Angaben der gewünschten Erreger notwendig!
	▪ **Helicobacter pylori (H.p.)-Diagnostik:**	H.p. ist ein begeißeltes stäbchenförmiges Bakterium. Es gilt heute als **eine** Ursache der chronischen Gastritis und als Wegbereiter für das Ulcus ventriculi/duodeni und das Magenkarzinom. Das bakterieneigene Enzym **Urease** spaltet Harnstoff der Schleimhaut in Ammoniak und CO_2. dadurch wird die Magensäure in der Umgebung des Bakteriums neutralisiert und sein Überleben gesichert.
	Nachweismethoden: ▪ Urease-Schnelltest **(HUT-Test)** Ein mit H.p. besiedeltes und mit Urease durchtränktes Gewebeteilchen wird in einem Testmedium mit Harnstoff eingebracht und bei 37°C für 20 Minuten inkubiert. Das freiwerdende Ammoniak färbt den ph-Indikator rot.	 ▪ **Atemtest:** Der Patient schluckt radioaktiv markierten Harnstoff. Das gebildete CO_2 verlässt den Magen und wird in der Ausatemluft gemessen. ▪ Nachweis von IgG-AK im Serum ▪ Antigennachweis im Stuhl

7. Nachweis okkulten Blutes im Stuhl:	Der physiologische gastrointestinale Blutverlust beträgt 0,5-2,0 ml/Tag. Der Suchtest wird erst bei deutlich größeren Mengen positiv. Ab 80ml/Tag ist das Blut sichtbar.	
	Indikation:	▪ Verdacht auf okkulte intestinale Blutverluste ▪ Suchtest auf kolorektales Karzinom
	Untersuchungsmaterial: 2 verschiedene Proben einer Stuhlportion an 3 aufeinander folgenden Tagen. Bei Menstruation oder Durchfall keine Untersuchung.	Der Patient muss 4 Tage vorher folgende Ernährungsrichtlinien beachten: ▪ Keine Hämoglobin- oder Myoglobinreiche Kost (z.B. Blutwurst, Tartar, kurzgebratenes Fleisch) ▪ Schlackenreiche Kost ▪ Keine hohen Vitamin C-Dosen
	Testbriefchenmethode:	▪ Es sollen 3 aufeinanderfolgende Stuhlgänge untersucht werden ▪ Bei jedem Stuhlgang sind vo 2 verschiedenen Stellen des Stuhles Proben zu entnehmen ▪ Die Fenster A und B sind vollständig mit den Stuhlproben zu füllen ▪ Testbriefchen verschließen und in den Umschlag stecken ▪ **Blaufärbung mindestens einer Probe zeigt ein positives Ergebnis an!**
8. Blutuntersuchungen:	▪ Leberwerte	z.B. Transaminasen GOT, GPT, Gamma-GT
	▪ Bilirubin	Diagnostik und Verlaufskontrolle eines Ikterus z.B. bei Hepatitis
	▪ Hepatitisserologie:	z.B. Anti-HAV, Anti-HBs
	▪ Enzyme der Bauchspeicheldrüse	z.B. Amylase, Lipase

Endoskopie

Endos =	Innen	
skopein =	betrachten	
Untersuchungen:		
	Ösophaguskopie	Spiegelung der Speiseröhre
	Gastroskopie	Magenspiegelung
	Duodenoskopie	Spiegelung des Duodenums
	Colonoskopie	Darmspiegelung
	Sigmoidoskopie	Spiegelung von Rektum und Sigma
	Rektoskopie	Mastdarmspiegelung
	Zystoskopie	Blasenspiegelung
	Bronchoskopie	Lungenspiegelung
	Arthroskopie	Gelenkspiegelung
	Laparoskopie	Bauchhöhlenspiegelung
Formen der Endoskopie:	1. Starre Endoskope:	z.B.: Laparoskop, Arthroskop
	2. Flexible Endoskope:	z.B.: Gastroskop, Sigmoidoskop
Diagnostisch-therapeutische Möglichkeiten:	▪ Direkte Betrachtung ▪ Gewebeentnahme ▪ Polypenabtragung mit der Schlinge ▪ Gewinnung von Spülflüssigkeit mit Zellmaterial	**makroskopische** Beurteilung **mikroskopische** Untersuchung **zytologische** Untersuchung
Reinigung und Desinfektion:	1. Vorreinigung mit warmen Wasser, Tuch, Bürste, Durchspülen der Kanäle 2. Halbautomatische Aufbereitung im Desinfektionsgerät (Desinfektionswanne) 3. Maschinelle Aufbereitung im ERD-Automaten (Waschmaschine)	

Ultraschall

Ultraschalldiagnostik =	**Sonographie**	
Was sind Ultraschallwellen?:	Mechanische Schwingungen Ausbreitung an Materie gebunden:	- Gasförmige - Flüssiges - Festes (Kristall) Medium
	Periodische Verdichtungen und Verdünnungen der Materie. z.B. Wasser, Luft.	
Begriffe:	▪ Amplitude:	Höhe des Ausschlags
	▪ Frequenz:	f = Zahl der Einzelschwingung / sec. 1 Hertz = 1 Schwingung /sec (Hz)
	▪ Wellenlänge (Lamda)	Länge einer Einzelschwingung
	Merke: Große Wellenlänge (Langwelle) = niedrige Frequenz Kurze Wellenlänge (Kurzwelle) = hohe Frequenz	
	Frequenzbereich des Schalls:	▪ Infraschall: < 16 Hz ▪ Hörbarer Schall: 16 Hz – 20 kHz ▪ Ultraschall: > 20 kHz
	In der Ultraschalldiagnostik kommen Frequenzen zwischen 1 MHz und 20 MHz zur Anwendung	
	Ausbreitung des US:	▪ Absorption ▪ Ablenkung (Streuung) ▪ **Reflexion an Hindernissen = Echo**

Erzeugung von US-Wellen/ Bilderzeugung:
Elektrische Impulse werden mit Hilfe von **Kristallen** in mechanische Schwingungen umgewandelt. Der Schall wird über einen Sender im Schallkopf des Gerätes in den Körper geleitet. Grenzflächen zwischen verschieden dichten Geweben stellen Hindernisse dar, an denen der US reflektiert wird.
Knochen, Steine, Verkalkungen, Luft (Lunge, Magen, Darm) reflektieren den Schall stark (gutes Echo), sie erscheinen auf dem Monitor hell. Dahinter bildet sich ein Schallschatten. Flüssigkeiten im Körper (Zyste, Gallenblase) lassen den Schall passieren, sie erscheinen auf dem Monitor schwarz.

Ultraschallverfahren:	**1. Impulsechoverfahren:**	
	▪ **A-Scan** = Amplitudenscan	Eindimensionales Bild. Echos werden als Zacken sichtbar
	▪ **B-Scan** = Brightness-Scan	Zweidimensionales Bild Echos erscheinen als unterschiedlich helle Lichtpunke auf dem Bildschirm (Darstellung einer Organschnittfläche)

	▪ **Real-Time**-Verfahren:	Schnelle Bildabfolge ermöglicht Darstellung von Bewegungsabläufen.
	▪ Time-Motion-Verfahren = **M-Bild**:	Herzklappendiagnostik
	2. Dopplerverfahren = Dauerschallverfahren:	Differenz von ausgesandter und reflektierter Frequenz ist hörbar (Geräusch)
	Doppler-Effekt: Ultraschallwellen werden an einem sich bewegenden Objekt nicht nur reflektiert, sondern auch in seiner Frequenz verändert!!	Bei Bewegung auf die Sonde zu: Erhöhung der Frequenz. Bei Bewegung von der Sonde weg: Erniedrigung der Frequenz. Somit kann z.B. die Richtung des Blutflusses bestimmt werden!
	Einsatz der **Dopplersonographie** in der Gefäßdiagnostik. :	**Messung der Blutströmung** (Richtung, Geschwindigkeit, Form) RR-Messung an Armen und Beinen.(**Doppler-Druck)**
	Duplexsonographie: Kombination von B-Bild und Doppler-Verfahren.	
	Anwendung in der Angiologie/Phlebologie:	▪ Erkennen von Gefäßverschlüssen u. Stenosen. ▪ Erkennen von Thrombosen ▪ Erkennen von Verkalkungen und Emboliequellen. ▪ Varizendiagnostik
	Duplexsonographie in Farbe = **Farbduplexsonographie**	z.B. Arterielle Blut: rot Venöses Blut: blau
Ultraschalltherapie:	**1. US-Behandlung in der Traumatologie:**	Impulsschall mit ca. 800 Hz.
	Anwendung bei chronischen Erkrankungen der Gelenke, der Muskulatur und gelenknaher Weichteile:	▪ Arthritis ▪ Epicondylitis ▪ Bursitis ▪ Tendovaginitis ▪ Myalgien ▪ Neuritis

	Kontraindikation:	▪ Alle akuten Erkrankungen ▪ Bei Kindern die Epiphysenfugen ▪ Störungen der Blutgerinnung
	<u>Die Schallenergie bewirkt:</u> ▪ **Mikromassage** im Gewebe = **mechanische Wirkung** ▪ **Wärmebildung** = **thermische Wirkung** : ▪ Verbessert die Durchblutung ▪ Fördert die Heilung ▪ Lindert den Schmerz ▪ Verschiebung des ph-Wertes im Gewebe = **physiko-chemische Wirkung**	
	2. **Ultraschall-Lithotripsie:**	Steinzertrümmerung durch US z.B. Nieren- oder Gallensteine.
	ESWL =	Extrakorporale Stoßwellenlithotripsie

Krankheiten des Verdauungs- und Stoffwechselapparates/Symptome/Fachbegriffe

Anti-HBs	Antikörper gegen Hepatitis-B-Virus- Oberflächenantigen	Bedeutung: ▪ Durchgemachte Erkrankung ▪ Erfolgreiche Impfung
Appendektomie	Operative Entfernung des Appendix	
Appendizitis	Blinddarmentzündung	Bakterielle Entzündung des Wurmfortsatzes mit typischen Schmerzpunkt im rechten Unterbauch (Mc Burney-Punkt)
Aszites	Bauchwassersucht	
Cholelithiasis	Gallensteinleiden	
Cholezystitis	Gallenblasenentzündung	
Chronisch entzündliche Darmerkrankungen (CED)	**Morbus Crohn** **Colitis ulcerosa**	In Schüben verlaufende Entzündung der gesamten Darmwand im Dünn-und/oder Dickdarm. Symptome: Blut und Schleimabgang, Diarrhö, Bauchschmerzen, Fisteln, Gelenk und Augenentzündung. Störung der Immunregulation, genaue Ursache unbekannt.
Colon irritabile	Reizdarm	Funktionelle Darmstörung ohne fassbare organische Ursache
Diarrhö	Durchfall	
Divertikel	Sackförmige Ausstülpung umschriebener Wandteile eines Hohlorgans. Sehr häufig im Colon oder Ösophagus	
Divertikulitis	Entzündung der Divertikel	
Divertikulose	zahlreiches Auftreten von Divertikeln	
Emesis	Erbrechen	
Gastritis	Magenschleimhautentzündung Akute Gastritis: Chronische Gastritis: Typ A: Typ B: Typ C:	Ursache: Rauchen, Alkohol, Stress, Viren, Bakterien Autoimmunerkrankung Helicobacter pylori (H.p.) Chemische Stoffe z.B. Cortison, Antirheumatika

Gastroenteritis	Magen-Darm-Entzündung (Viren)	Übelkeit, Erbrechen, Durchfall
Hiatushernie	Kardia des Magens ist in den Thorax hochgezogen	
Hyperurikämie	Erhöhter Harnsäurespiegel im Blut (>6,4mg/dl)	Ursache: Genetische Veranlagung, Purinreiche Ernährung (Fleisch, Innereien), reichlicher Alkohohlkonsum, Fasten. Folge: **Gicht** : Ablagerung von Uratkristallen in der Haut, den Gelenken, Sehnen, Nieren (Steine).
Ikterus	Gelbsucht (Übertritt von Bilirubin ins Blut sowie in die Haut und Bindehaut)	Keine Krankheit sondern ein Symptom!! z.B. bei Hepatitis, Leberzirrhose, Gallengangsverschluss
Ileus	Darmverschluss	
Inappetenz	Appetitlosigkeit	
Koliken = Spasmen	Krampfartige, wellenförmig auftretende Bauchschmerzen	
Leberzirrhose	Zerstörung von Lebergewebe (Parenchym) und Ersatz durch Bindegewebe (Narben)	Ursache: Chronische Hepatitis Chronischer Alkoholmissbrauch Symptome: Ikterus, Leberinsuffizienz, Spinnennaevi, Aszites, Ösophagusvarizen
Magenkarzinom	Magenkrebs	
Meteorismus	Blähungen	
Obstipation	Verstopfung	
Ösophagitis	Speiseröhrenentzündung	Rückfluss (Reflux) von Magensaft in die Speiseröhre. Folge: Sodbrennen, Schleimhautumbau (Barrett-Mucosa), Karzinom
Ösophagusvarizen	Krampfadern in der Speiseröhre	
Pankreatitis	Entzündung der Bauchspeicheldrüse	Akut und chronisch
Peritonitis	Bauchfellentzündung	
PPI	Protonenpumpenhemmer	Medikamente, die die Bildung der Magensäure unterdrücken z.B. Omeprazol

Stoma = anus praeter	Künstlicher Darmausgang	
Tripel-Therapie	Dreifachtherapie zur Ausrottung (Eradikation) des H.p.: PPI + 2 Antibiotika	
Ulcus ventriculi/duodeni	Magen bzw. Zwölffingerdarmgeschwür	Ursache: HP, Cortison, Schmerzmittel Komplikation: Blutung, Perforation

Diabetes mellitus

Definition:	Diabetes mellitus (wörtlich: honigsüßer Harnfluss) ist eine durch erhöhten Glukosegehalt im Blut charakterisierte **Regulationsstörung des Stoffwechsels**	
Klassifikation (Diabetesformen):	**1. Typ 1:**	Insulinabhängiger D.m. Auch juveniler (jugendlicher) Diabetes genannt .Es liegt ein **absoluter Insulinmangel** vor
	Ursache:	Autoimmunerkrankung mit Zerstörung der Beta-Zellen des Pankreas
	Vorkommen:	Meist im Jugendalte, kann aber auch später auftreten
	Klinik/Symptome:	▪ Bei Diagnose meist schlank ▪ Rasches Auftreten des Symptome ▪ **Gewichtsverlust** ▪ **Polydipsie**: übermäßiger Durst ▪ **Polyurie**: häufiges Wasserlassen ▪ **Infektanfälligkeit** ▪ **Müdigkeit,** Schwäche, Leistungsabfall ▪ **Hyperglykämie, Glukosurie, evtl. Ketonurie**
	2. Typ 2:	Insulinunabhängiger D.m. Sogenannter Erwachsenendiabetes. Es besteht ein relativer Insulinmangel, eine Insulinresistenz oder beides. Der Patient kann ohne Insulinverabreichung überleben. Eine Insulinbehandlung wird im Laufe der Erkrankung allerdings oft notwendig (Erschöpfung der Bauchspeicheldrüse)

	Ursache:	**Genetische Disposition,** Kombination der Faktoren Übergewicht, falsche Ernährung, Bewegungsmangel führen zu Insulinresistenz
	Vorkommen:	In der Regel nach dem 35. Lebensjahr. Über 80 % aller Patienten mit D.m. haben Typ 2.
	Klinik/Symptome:	▪ Symptome treten langsam auf ▪ Meist Übergewicht **(abdominale Adipositas)** ▪ **Dyslipidämie** ▪ Oft stabile Blutzuckererhöhung ▪ Ketoseneigung gering bis fehlend ▪ Häufig **Metabolisches Syndrom**
	3. Gestationsdiabetes:	In der Schwangerschaft auftretender Diabetes (Hormonumstellung) Durch Hyperglykämie nimmt der Foetus stark an Gewicht zu.
	4. Sonstige Formen:	z.B. bei Pankreaserkrankungen, hormonell, Medikamente
Diabetesdiagnostik:	Ein Diabetes liegt vor wenn:	▪ Plasma-Glukose zu beliebigen Zeitpunkt größer/gleich 200 mg/dl ▪ Nüchtern-Glukose größer/gleich 126 mg/dl nach 8 stündigen Fasten.
Oraler Glukosetoleranztest (OGTT): Zur Diagnosestellung manifester Diabetes nicht erforderlich!	▪ Dem Patienten werden in nüchternem Zustand 75 g Glukose in einer 10-20%igen Lösung (250-300 ml) innerhalb von 5 Minuten verabreicht. ▪ Die Blutzuckerwerte werden unmittelbar vor und 1 bzw.2 Stunden danach bestimmt. ▪ Der Patient muss zuvor 3 Tage lang normale Mengen (150 g) an Kohlenhydraten zu sich genommen haben. ▪ Keine Mahlzeit während der Nacht.	

Bewertung des OGTT:		
	Nüchtern	2Std.pp
Normal:	<110	<140
Abnorme Nüchternglukose:	110-125	<140
Gestörte Glukosetoleranz	110-125	140-200
Diabetes	>125	200
Gestationsdiabetes	>90	>180 n.1Std,>155 n.2Std.
	Glykiertes Hämoglobin (HBA1c): **= “Langzeitzucker“**	Der Anteil des HBA1c am Gesamthämoglobin hängt von der Glukosekonzentration in den letzten 8 Wochen ab. Der HBA1-Wert spiegelt die Güte der Diabeteseinstellung in dieser Zeit (unabhängig vom aktuellen Wert)
	Normalwert:	6,1 %
	Zielwert:	< 6,5 % Bei älteren Patienten zur Vermeidung von Hypoglykämien genügen 7-8 %
Urindiagnostik:	▪ **Glukosurie**	Die Glukoseausscheidung hängt von der **Nierenschwelle** ab, die in der Regel zwischen **145-180mg/dl** liegt
	▪ **Ketonurie**	Normalerweise sind im Urin keine **Ketonkörper** (Aceton, Acetessigsäure) nachweisbar. Beim Diabetiker ist eine Ketonurie immer ein Zeichen für eine **schlechte Stoffwechsellage** (Insulinmangel-gesteigerter Fettsäureabbau-Ketonkörper)
	▪ **Mikroalbuminurie:** **Bestimmung der Albuminkonzentration im 24-Stundenurin oder Morgenurin (z.B. Micral-Test)**	Eine dauernde **Albuminkonzentration >20 (-200) mg/l** in 2 Proben in 2-4-wöchigen Abstand gemessen spricht für eine **diabetische Nephropathie**

Stosswechselentgleisungen bei Diabetes mellitus:

1. Hypoglykämischer Schock:

		Bemerkung
BZ:	Meist < 40-60 mg/dl	Bei länger bestehenden hohen BZ -Werten können Symptome auch bei normalem BZ auftreten!
Ursache:	Diätfehler, Überdosierung von Insulin oder Medikamenten, Erhöhte körperliche Anstrengung, Alkoholabusus,	
Symptome:	Heißhunger, Übelkeit, Unruhe, Schweißausbruch, Tachykardie, Zittern, Kopfschmerzen, Verwirrtheit, Sehstörungen, Doppelbilder, Verhaltensstörungen, Bewusstlosigkeit, Krämpfe	Besonders gefährlich sind nächtliche Hypos da sie oft nicht bemerkt werden!
Therapie:	In leichten Fällen: 3-5 Würfelzucker, 1 Stück Traubenzucker (10 g), 20 g Schokolade, dann 1-2 BE Brot. Wenn keine Besserung: 1 Ampulle Glukagon (1 mg) s.c. oder im. Bei Bewusstlosigkeit: 20-50 ml 40%ige Glukoselösung iv. oder 10%ige Infusion rasch durch den Arzt.	

2. Diabetisches Koma (mit Ketoazidose):

		Bemerkung:
BZ:	> 250 mg/dl	Ketonkörper im Urin!
Ursache:	Insulinmangel, Therapiefehler, Akute Infektionen, akute schwere Erkrankungen wie Herzinfarkt,	
Symptome:	Bewusstseinstrübung, Durstgefühl, Übelkeit, Schmerzen in Magen und Brustkorb, Diurese, Tiefe beschleunigte Atmung, Azetongeruch im Atem, evtl. Fieber(Infektion)	
Therapie:	Infusion mit physiologischer Kochsalzlösung Insulin	

Diabetische Spätkomplikationen:

Komplikation:	Symptome:	Bemerkung:
Diabetische Makroangiopathie: Arteriosklerose großer Gefäße		
Koronare Herzkrankheit	Häufig schmerzarme Infarkte (wegen Neuropathie) Herzinsuffizienz 5 mal häufiger als bei der übrigen Bevölkerung.	Frühe Komplikation von Typ 2-Diabetes! Häufig mehrere Risikofaktoren(metabolisches Syndrom)
Zerebralsklerose	Meist ischämische Hirnfarkte.	Blutdruckeinstellung besonders wichtig!
Periphere arterielle Verschlusskrankheit	Durchblutungsstörungen vor allem im Unterschenkel und Fußbereich.	

(pAVK)	Meist schmerzarm!	
Diabetische Mikroangiopathie:		
Diabetische Retinopathie: **Diabetische Nephropathie:**	Schädigung der Netzhautkapillaren Auftreten nach 15-20 Jahren: Gefahr der Erblindung!! Mikroalbuminurie, Abnahme der glomerulären Filtrationsleistung. Zunehmende Niereninsuffizienz	Jährliche Kontrolle beim Augenarzt! (Ophthalmoskopie) Bei Nierenversagen Dialyse
Diabetische Polyneuropathie: diabetische Nervenschädigung		
Periphere PNP:	Vorzugsweise nächtlicher Befall der unteren Extremität mit Brennen der Fußsohlen, Taubheitsgefühl, gemindertem Vibrations- und Warm-Kalt-Empfinden, Analgesie, fehlende Reflexe	Nikotin und Alkoholkarenz anstreben! Prüfung der Reflexe mit dem Hammer Prüfung des Vibrationsempfindens mit der Rydel-Seiffer-Stimmgabel Temperaturempfinden mit dem Tip-therm
Autonome PNP:	Blasenatonie mit Restharn, Erektile Impotenz, Gastroparese, Ruhetachykardie	
Diabetisches Fußsyndrom: Kombination aus PNP und Angiopathie	Frühsymptome: Fußödem, trockene, rissige Haut, Hyperkeratosen, Pilzinfektionen. Spätsymptome: Abszesse, Ulzera, Nekrosen, Phlegmone, Osteomyelitis	Prophylaxe besonders wichtig! Vorsicht vor Verletzungen! Med. Fußpflege. Amputationsgefahr!!
Therapie des Diabetes mellitus:		
	Therapieziele:	▪ HBA1c < 6,5 % ▪ Nüchternglukose < 110 mg/dl ▪ Postprandiale (pp) Glukose < 140 mg/dl ▪ LDL-Cholesterin < 100 mg/dl ▪ HDL > 45 mg/dl ▪ Triglyzeride < 150 mg/dl ▪ Blutdruck < 140/80 mmHg ▪ Gewichtskontrolle
1. Lebensstiländerung:	▪ Gewichtsregulierung ▪ Ernährungsumstellung ▪ Vermehrte körperliche Aktivität ▪ Nikotinabstinenz ▪ Zurückhaltung mit	

	alkoholischen Getränken	
2. Ernährungstherapie: (Hinweise in Anlehnung an die Empfehlungen der Deutschen Gesellschaft für Ernährung)	Die Empfehlungen sind denen für die Allgemeinbevölkerung sehr ähnlich! **Es gilt der Grundsatz:**	**Möglichst wenig verbieten**
	▪ Normales Körpergewicht erhalten:	BMI 18,5-24,9 kg/m²
	▪ Gesamtfettzufuhr auf 30-35 % der täglichen Energiezufuhr beschränken:	**Austausch von tierischen Fetten gegen pflanzliche.** (enthalten kein Cholesterin aber reichlich ungesättigte Fettsäuren)
	▪ Kohlenhydratzufuhr von 45-60% der Energiezufuhr	Menge und Zeitpunkt mit Medikation, besonders Insulin abstimmen! **Ballaststoffreiche** Lebensmittel bevorzugen, Fertigprodukte meiden. **1 KH-Portion/Broteinheit = 10-12 g KH**
	▪ Maximal 50 g Zucker pro Tag	Zuckerhaltige Getränke meiden (nur im Notfall)
	▪ Eiweißmenge 10-20 % der Energiezufuhr	bei Niereninsuffizienz evtl. anpassen!
	▪ Mahlzeitenfrequenz entsprechend den individuellen Vorlieben	Meist 3 Haupt- und 3 Zwischenmahlzeiten. Bei nächtlichen Hypoglykämien Spätmahlzeit!
	Alkoholische Getränke nur zu den Mahlzeiten (Gefahr der Unterzuckerung)	Männer: max. 20 g/Tag Frauen: max. 10 g/Tag
	▪ Kochsalz maximal 6 g/Tag	
	▪ Zuckeraustauschstoffe (z.B. Fruktose, Sorbit) bringen keinen Vorteil	Nicht zu empfehlen
	▪	
	▪ Süßstoffe (z.B. Cyclamat, Saccharin) :	Können benützt werden

3. Orale Antidiabetika: (Beispiele)		
Substanz	**Wirkung**	**Bemerkung**
Metformin	Verminderung der Insulinresistenz, Reduktion der hepatischen Glukoseproduktion	Mittel der 1. Wahl Keine Hypoglykämie Dosis: 2x850-2x1000 mg KI: Herz-u. Niereninsuffizienz. Vor Kontrastmitteluntersuchung und großen OP absetzen.
Sulfonylharnstoffe: (Glibenclamid = Euglukon, Glimepirid = Amaryl)	Stimulation der Insulinproduktion des Pankreas	Gewichtszunahme, Hypoglykämiegefahr!
4. Insulintherapie:	Ein gewisser basaler Insulinspiegel zur Bewältigung des Grundumsatzes ist während eines Tages immer vorhanden. Zu den Mahlzeiten gibt das Pankreas einen zusätzlichen Insulinbolus („Schuss“) ins Blut ab. Durchschnittlich liegt der **Insulintagesbedarf bei 0,5-1,0 IE/kgKGW**. Der basale Insulinbedarf liegt bei 20-24IE.	
	40iger Regel:	▪ 1IE (Internationale Einheit) Insulin senkt den BZ um 40 mg/dl ▪ 1BE hebt den BZ um 40 mg/dl ▪ 20 Minuten Sport senkt dem BZ um 40 mg/dl
	Insulinapplikation: Insulin im Kühlschrank lagern.	**Subcutan** mit Einwegspritzen oder üblicherweise mit einem **Pen**. (Dosierschritte von 1, 2, 4IE einstellbar)
	Spritzort: Injektionsstelle am besten nach Plan wechseln.	▪ Kurzwirksames Normalinsulin: Bauchhaut (schnellere Resorption) ▪ Verzögerungsinsuline: Vorderseite Oberschenkel oder äußere Glutealregion. ▪ Analoginsulin (Kunstinsulin): an beiden Orten möglich.
	Insulinarten: ▪ **Normal(Alt)-Insulin**	 Kurz und schnell wirksam, entspricht dem physiologischen Insulin.

		Humaninsulin wird gentechnisch mit Hilfe von Bakterien hergestellt. Spritz-Ess-Abstand meist 15-30 Minuten.
	▪ **Verzögerungsinsulin**	Durch Verbindung von Insulin mit Zink oder Eiweiß (NPH = neutrales Protamin Hagedorn) erreicht man einen verzögerten Wirkungseintritt und eine verlängerte Wirkdauer.
	▪ **Mischinsulin**	Kombination von kurz und lang wirksamen Insulin
	▪ **Analoginsuline**	Sog. Kunstinsuline. Durch Vertauschen bestimmter Aminosäuren lässt sich ein schnellerer Wirkungseintritt erreichen.
	Therapieformen:	
	▪ **Kombinationstherapie (Verzögerungsinsulin + orale Antidiabetika):**	Zur oralen Medikation wird gegen 22-23 Uhr ein NPH-Insulin gegeben (= Bedtime-Therapie). Verwendet man Analoginsulin, kann der Spritzzeitpunkt beliebig gewählt werden.(= BOT = basal unterstützte orale Therapie)
	▪ **Konventionelle Insulintherapie (CT):**	Es wird zwei mal täglich ein Mischinsulin verabreicht. Insulinverteilung: 2/3 morgens, 1/3 abends.
	▪ **Intensivierte konventionelle Insulintherapie (ICT):**	Prinzip: Basalinsulin + Bolus zu den Mahlzeiten.
	▪ **Insulinpumpentherapie**	

Fettstoffwechselstörungen

1. Grundlagen des Lipoproteinstoffwechsels:	Unter dem Begriff **Lipide** (Fette und fettähnliche Substanzen) werden chemisch sehr verschiedene Stoffe zusammengefasst, die sich durch ihre schlechte Löslichkeit in Wasser (bzw. Blut) auszeichnen. Im Serum liegen sie deshalb immer in Proteinbindung vor = **Lipoproteine.**	
Wir unterscheiden:	Tierische und pflanzliche Fette	
Unterteilung der Fette in:	▪ **Neutralfette = Triglyzeride**	Bestehen aus Glyzerin und 3 Fettsäuren
	▪ **Cholesterin**	Lebenswichtige Substanz, die einerseits vom Körper selbst hergestellt, andererseits über tierische Nahrungsmittel aufgenommen werden. In Pflanzen kommt es nicht vor.
	Cholesterin und Triglyzeride werden zusammen mit Eiweißkörpern auf dem Blutweg dorthin transportiert, wo sie gebraucht werden. Dazu werden bestimmte Transportkomplexe gebildet, die unterschiedlich zusammengesetzt sind und verschiedene Funktionen haben. Es sind dies die	
	Lipoproteine unterschiedlicher Dichte:	
	▪ **LDL**	Low density lipoprotein. Enthält 60% des Plasmacholesterins und schleust es in die Zellen ein. **LDL erhöht das Arterioskleroserisiko!**(„schlechtes Cholesterin")
	▪ **HDL**	High density lipoprotein. Enthält 25% des Plasmacholesterins und transportiert dieses zurück zur Leber (Weiterverarbeitung oder Ausscheidung) **HDL hat antiatherogene Eigenschaften!** („gutes Cholesterin")
2. Einteilung der Fettstoffwechselstörungen:		
	▪ **Primäre Hyperlipoproteinämie**	Entwickelt sich aus dem Zusammenspiel von Fehlernährung, erhöhter Kalorienzufuhr und genetischer Veranlagung. Dabei sind entweder die Triglyzeride, das LDL oder beide erhöht.

	▪ **Sekundäre Hyperlipidämie:**	Viel häufiger! Oft im Rahmen von: Diabetes, Hypothyreose, Hepatitis, Pankreatitis, Nierenerkrankungen, Alkoholabusus, Medikamente.
3. Klinische Symptome:	▪ Symptomatische Arteriosklerose (KHK, pAVK)	
	▪ Hautveränderungen:	**Sehnenxanthome** (Knotige Fetteinlagerungen in Sehnen) **Xanthelasmen** (Gelbliche Fetteinlageringen im Bereich der Augenlider)
	▪ Arcus lipoides corneae	Ringförmige grau-weißliche Trübung der Hornhautperipherie infolge Cholesterineinlagerung
	▪ Fettleber	
4. Labordiagnostik:		
Fett	**mg/dl**	**Einstufung als**
Gesamt-Cholesterin	**< 200**	**wünschenswert**
	200-239	grenzwertig
	>240	hoch
LDL	**< 100**	**optimal**
	100-129	normal
	130-159	grenzwertig
	160-180	hoch
	> 190	Sehr hoch
HDL	< 40	niedrig
	> 60	**Günstig hoch**
TG	**< 150**	**normal**
	150-199	grenzwertig
	200-499	hoch
	> 500	Sehr hoch
5. Therapie;	Ernährungsumstellung:	**Mittelmeerkost** (siehe Ernährungsempfehlungen bei Diabetes)
	Gewichtsregulierung	
	Medikamente:	z.B. **Statine = Cholesterinsynthesehemmer** (Simvastatin, Pravastatin, Lovastatin) Hemmen die Cholesterinsynthese in der Leber. Die Leberzelle holt sich das fehlende Cholesterin aus dem Blut .Folge: der Cholesterinspiegel sinkt.

Lernfeld 10

Patienten bei kleinen chirurgischen Behandlungen bei der Versorgung von Wunden begleiten

Haut

1. Aufgaben der Haut:	Schutzfunktion:	▪ Krankheitserreger ▪ Verletzungen ▪ Kälte/Wärme ▪ Strahlung
	Speicherfunktion:	▪ Fett (Energie/Isolierung) ▪ Wasser
	Wärmeregulation:	▪ Hautdurchblutung ▪ Schweißabsonderung
	Absonderungsorgan:	▪ Schweiß ▪ Talg
	Sinnesorgan:	Tast-Druck-Schmerz-Temperatur-Vibrationsempfinden
2. Die Schichten der Haut:	**Oberhaut = Epidermis**	Mehrschichtiges verhornendes Plattenepithel (Keratinozyten) ▪ Keimschicht (Zellneubildung) ▪ Hornschicht ▪ Keine Gefäße! ▪ Melanozyten (produzieren Melanin) ▪ Freie Nervenendigungen.
	Lederhaut = Corium	Dichtes Bindegewebe Fibrozyten/Histiozyten, elastische und kollagene Fasern. Drüsen! Sinnesorgane!
	Unterhaut = Subcutis	Lockeres Bindegewebe, Fettzellen.
3. Hautanhangsgebilde	**Hautdrüsen:** a) <u>Schweißdrüsen:</u> b) <u>Duftdrüsen</u>	 Leicht saures, wäßrig-salziges Sekret (0,2 – 0,3% = hypoton) geruchlos Säureschutzmantel Temperaturregulation (Verdunstungskälte) Geruch. Vorkommen in den Achselhöhlen und im Genitalbereich

	c) Talgdrüsen	Meist zusammen mit Haarwurzel = Haarbalgdrüsen. Talg überzieht Haut und Haare mit einer schützenden Fettschicht
	d) Brustdrüsen	Milchproduktion
	Nägel:	Hornplatten
	Haare:	Hornfäden. Haarwurzel Haarbalg. Haarbalgdrüsen. Haarbalgmuskel

Erkrankungen der Haut/Fachbegriffe

Effloreszenzen:	= "Hautblüten"	Oberbegriff für Hautveränderungen
	Macula	Fleck
	Papula	Knötchen
	Vesikula	Bläschen
	Pustula	Eiterbläschen
	Urtica	Quaddel
	Erosion	Oberflächlicher Hautdefekt
	Ulcus	Geschwür
	Rhagade	Spaltförmiger Hauteinriss
Exanthem	Entzündlicher Hautausschlag	
Enanthem	Entzündlicher Schleimhautausschlag	
Ekzem	Juckflechte = juckender Hautausschlag	
Erythem	Entzündliche Rötung der Haut	
Pruritus	Hautjucken	
Pyodermie	Eitrige Hauterkrankung	
Erysipel	Wundrose	Streptokokken in den Lymphspalten der Lederhaut
Phlegmone	Flächenhafte Entzündung des Bindegewebes	
Abszess	Eiteransammlung im Gewebe	
Panaritium	Finger/Zeheneiterung	
Follikulitis	Eitrige Haarbalgentzündung	
Furunkel	Eitrige Entzündung des Haarbalgs und seiner Talgdrüse	Häufige Rezidive = Furunkulose. (bei Diabetes, Leukämie, chronischen Infekten)
Karbunkel	Mehrere zusammenfließende Furunkel	
Mykosen	Pilzerkrankungen	
Akne vulgaris	Entzündung der Talgdrüsenfollikel	
Herpes zoster	Gürtelrose (Varizellen-Zoster-Virus)	Schmerzhafte in Gruppen stehende Bläschen auf gerötetem Grund
Psoriasis	Schuppenflechte	Chronisch entzündliche Erkrankung der Haut mit gesteigerter Schuppenbildung. Erbliche Disposition
Atherom	„Grützbeutel"	Zyste der Haartalgdrüsen gefüllt mit Talg, Hornmaterial. Häufig am behaarten Kopf

Hämangiom	Gefäßtumor	
Malignes Melanom	Bösartige Neubildung der Melanozyten	Schwarzer Hautkrebs
Basaliom	Bösartiger, invasiv wachsender Tumor ausgehend von entarteten Basalzellen	Häufig im Gesicht
Pigmentnaevus	Leberfleck, Muttermal	
Urtikaria	Nesselsucht	Quaddeln mit Juckreiz
Melanin	Hautpigment	

Wundheilung/Wundversorgung/Verbandslehre

Wunde:	Gewebedefekt der Haut /Schleimhaut bzw. Oberflächendurchtrennung von Organen.	Sonderform: Nekrose, ulcus cruris.
Phasen der Wundheilung:	1. Exsudative Phase (1.-3.Tag)	Blutstillung, Wundreinigung, Einwandern von Granulozyten, Makrophagen.
	2. Proliferative Phase (3.-10. Tag)	Fibroblastenvermehrung, Bildung von kollagenen Fasern, Gefäßsprossen, Grundsubstanz. **(Granulationsgewebe)**
	3. Regenerative Phase :	= **Epithelisation**, Narbenbildung.
Chirurgische Wundbehandlung:	**Primärheilung (pp)** wird erreicht durch:	⇒ Desinfektion (von innen nach außen). ⇒ **Friedrichsche Wundexcision** ⇒ Prophylaxe (Mundschutz,Handschuhe..)
	Wundverschluß **innerhalb von 6-8 Stunden**. Wundverschluß von innen nach außen.	Atraumatisches Nahtmaterial Catgut (selbstauflösend)
	Entfernung der Fäden:	Kopf: 4.-6. Tag Extremitäten: 10.-14. Tag Abdomen/Thorax: 7.-10. Tag
Beachte:	**Primäre Wundnaht sind verboten:** **Verzögerte Naht nach 3-6 Tagen oder sekundäre Wundheilung.**	1. Bei entzündlichen Veränderungen oder Überschreiten des 6-8 Std.-Intervalls. 2. Fremdkörper nicht restlos entfernt. 3. Taschenreiche Wunde Excision nicht möglich. 4. Biß- u. tiefe Stichwunden 5. Berufsverletzungen mit infektiösem Material.
Lokalanästhesieverfahren:	1. Oberflächenanästhesie:	Aufstreichen oder Aufspritzen z.B. Endoskopie, Auge
	2. Infiltrationsanästhesie:	Unter- oder Umspritzung der Wunde
	3. Leitungsanästhesie:	Gezielte Ausschaltung einzelner Nerven. z.B.: **Oberst`sche LA** an Fingern u. Zehen. Plexus-A.,Peridural-A.

Verbandslehre:

Verbandsarten:	**Verwendungszweck:**	**Beispiele:**
1.Wundverband:	Wundabdeckung, Sekretaufnahme, Unterstützung der Wundheilung.	Mullkompressen, Vliesstoffe, Mull-Zellstoff-Komb. Salben-Tüll, Hydrogelkompressen, Sprühpflaster, Klammerpflaster
2.Fixierverband:	Befestigung der Wundauflage:	Klebende Fixiermittel: Pflaster aller Art Bindenförmige Fixiermittel: Mullbinden, Idealbinde, Klebebinde, Haftbinden. Schlauchförmige Fixiermittel: Schlauchmull (tg),Netz-Schlauch.
3.Kompressionsverband:	Blutstillung Behandlung von Beinleiden.	Idealbinde, Klebebinde, Kurzzug- Langzugbinde Zinkleimbinde.
Behandlung von Venenleiden: (Thrombose, Varikosis, Ulcus cruris)		Wirkung des Verbandes: ⇒ Entstauung (Ödem) ⇒ Aktivierung der Muskel-Pumpe ⇒ Wiederherstellung der Venenklappenfunktion ⇒ Thromboseprophylaxe ⇒ Förderung der Wundheilung

Regeln zur Durchführung eines Kompressionsverbandes:

- Vorherige Hochlagerung
- Abpolsterung
- Fußgelenk in Funktionsstellung
- Kompression von distal nach proximal gleichmäßig vermindern!
- Ferse mit einwickeln
- Zehen freilassen zur Kontrolle von:
- Durchblutung
- Sensibilität
- Motorik

2 Binden übereinander wickeln.

4. Stütz- und Hartverband:	Ruhigstellung bei: ▪ Entzündungen ▪ Weichteilverletzungen ▪ Frakturen.	Dauerelastische Binden Zinkleimbinde Tapepflaster Gipsbinde, Kunststoffbinde.
Allgemeine Begriffe:	Kreistouren	
	Spiraltouren	
	Umschlagtouren	
	Achtertouren	
Verbandsbezeichnungen:		
Kornährenverband	Dachziegelartige Überlappung der Binden	
Schildkrötenverband	= Gelenkverband mit Achtertouren	
Rucksackverband	bei Clavikulafraktur	
Desaultverband/Gilchrist-verband	zur Schulterruhigstellung	Schlauchverband + Pflasterbinde
Funktionelle Verbände (Tape)	erlauben geführte Bewegung	Pflasterbinden oder Klebebinden

Lernfeld 11

Patienten bei der Prävention begleiten

Prävention

Begriffsbestimmungen:	**Präventive Medizin:**	Vorbeugende Maßnahmen zur Verhütung einer Krankheit (Prophylaxe)
	Kurative Medizin:	Behandlung von Erkrankungen
	Rehabilitative Medizin:	Maßnahmen zur Wiedereingliederung in den Lebensalltag, die Gesellschaft bzw. den Arbeitsprozess
	Primäre Prävention:	Alle Maßnahmen, die der Erhaltung der Gesundheit dienen, um das Auftreten von Krankheiten zu verhindern
	Sekundäre Prävention:	Alle Maßnahmen, die eine möglichst frühzeitige Erkennung von Krankheiten ermöglichen (Vorsorgeuntersuchungen)
	Tertiäre Prävention:	Alle Maßnahmen der Rehabilitation
Vorsorgeuntersuchungen: **Gesundheitsuntersuchung** **Jugendgesundheitsuntersuchung:** (Allgemeinärzte, Hausärztliche Internisten, Kinderärzte)	Durchführung: Leistungsumfang: (Berichtvordruck)	Anamnese Ganzkörperstatus Labor: Urin, BZ, Chol Alle 2 Jahre ab dem 35. LJ. .Jugendliche mit dem vollendeten 13.LJ bis zum vollendeten 14.LJ (einmalig) Toleranzgrenze: 12 Monate vor oder nach diesem Zeitraum. Anamnese, körperliche U.: Größe Gewicht, RR, SD, Skelett, evtl. Cholesterin Hinweise zur Lebensführung. 5 Jahre aufbewahren!

Jugendarbeitsschutz-Untersuchung:	 Aufbewahrungsfrist: Arbeitnehmer erhält Bescheinigung.	Jugendliche unter 18 J. Innerhalb von 14 Monaten vor Eintritt in das Berufsleben. 1. Nachuntersuchung nach 1 Jahr. 10 J.
Krebsfrüherkennung:	**Frauen:**	Ab 20.LJ: Genitale Ab 30. LJ: Brust/Haut Ab 50. LJ: Rektum
	Männer:	Ab 45. LJ: Genitale, Haut, Prostata. jährlich AB 50. LJ: Rektum
	Test auf okkultes Blut im Stuhl bei beiden vom 50. bis 55. LJ jährlich!	
	Koloskopie:	1. Koloskopie ab dem 56. LJ 2. Koloskopie 10 Jahre danach..
	Alternativ :	Hämoccult-Test alle 2 Jahre.
Kinderfrüherkennung:	U1 – U9 U1= Neugeborenen-Erstuntersuchung	 1 Minute nach der Geburt. Wiederholung nach 5-10 Min. **APGAR-Schema:** **A:** Atembewegung **P:** Puls **G** :Grundtonus **A**: Aussehen (Farbe) **R**: Reflexe.
	U2 = Neugeborenen-Basisuntersuchung.	3. -10. Lebenstag
	Impfungen:	ab 2. Monat(Impfkalender)
	Rachitisprophylaxe:	Vitamin D
	Kariesprophylaxe:	Fluor
	Blutungsprophylaxe:	Vitamin K
	Somatogramme:	Wachstumskurven.

Mutterschaftsvorsorge:	Beratung u. Überwachung der Schwangeren. **Erstuntersuchung:**	 Anamnese. Allgemeine und gynäkologische Untersuchung., KGW, RR, Urin, Hb, Blutgruppe, Lues-Suchtest, Röteln-AK, **Zervix-Abstrich** (Chlamydien)
	Kontrolluntersuchungen:	Alle 4 Wo. In den letzten beiden Monaten alle 14 Tage. KGW, RR, Urin, Hb, kindliches Wachstum, Kindslage.
	Ultraschalluntersuchungen:	9. – 12. Wo. 19. – 22. Wo. 29. – 32. Wo.
	Eintrag in den Mutterpass!	

APGAR-Schema: (Benannt nach der amerikanischen Anästhesistin Virginia Apgar)

A = Atmung

P = Puls

G = Grundtonus (Muskulatur)

A = Aussehen (Farbe)

R = Reflexe

Pro Buchstabe gibt es 0-2 Punkte, je nach Befund. Maximal also 10 Punkte.

Punkte	0	1	2
Puls	Keiner	<100	>100
Atmung	Keine	Langsam oder unregelmäßiges Schreien	Kräftiges Schreien
Muskeltonus	schlaff	Geringes Beugen der Glieder	Aktive Bewegung
Reflex	Keine	Grimassenziehen oder Wimmern beim Absaugen	Schreien, Niesen, Husten
Hautfarbe	Blass, blau	Stamm rosig, Extremitäten blau	rosig

Die Bewertung soll 1 Minute nach der Entbindung erfolgen und nach 5 und 10 Minuten wiederholt werden.
Dokumentation im Kinder Untersuchungsheft.

G-BA | Themenschwerpunkte

Früherkennungsuntersuchungen, die zulasten der GKV angeboten werden:

Anspruchsalter	Rhythmus	Erläuterungen
0 - 6 Jahre	zehn Untersuchungen	Früherkennung von Krankheiten (gelbes Kinderuntersuchungsheft)
0 - 6 Jahre	drei zahnärztliche Untersuchung	Feststellung von Zahn-, Mund und Kieferkrankheiten
6 bis 18 Jahre	jährlich	Maßnahmen zur Verhütung von Zahnerkrankungen (Individualprophylaxe)
13/14 Jahre	einmalig	Jugendgesundheitsuntersuchung
ab 20 Jahre	jährlich	Krebsfrüherkennung für Frauen: Gezielte Anamnese, Abstrich vom Gebärmutterhals, Untersuchung der inneren und äußeren Geschlechtsorgane
bis 25 Jahre	jährlich	Chlamydien-Screening: Untersuchung auf genitale Chlamydia trachomatis-Infektionen bei Frauen, die sexuell aktiv sind
ab 30 Jahre	jährlich	Erweiterte Krebsfrüherkennung für Frauen: Fragen nach Veränderung von Haut oder Brust; zusätzliches Abtasten von Brust und Achselhöhlen, Anleitung zur regelmäßigen Selbstuntersuchung der Brust
ab 35 Jahre	alle zwei Jahre	Gesundheits-Check-Up für Männer und Frauen mit Schwerpunkt Früherkennung von Herz-Kreislauf und Nierenerkrankungen sowie von Diabetes: Anamnese, körperliche Untersuchung, Überprüfung von Blut- und Urin-Werten, Beratungsgespräch
ab 35 Jahre	alle zwei Jahre	Hautkrebsscreening für Männer und Frauen
ab 45 Jahre	jährlich	Krebsfrüherkennung für Männer: Tastuntersuchung der Prostata und der äußeren Genitale
ab 50 Jahre	alle zwei Jahre bis einschl. 69 Jahre	Brustkrebsfrüherkennung durch das Mammographie-Screening; Einladung zum Screening in einer zertifizierten medizinischen Einrichtung: Röntgen der Brüste durch Mammographie
ab 50 Jahre	jährlich	Darmkrebsfrüherkennung für Männer und Frauen: Untersuchung auf verborgenes Blut im Stuhl
ab 55 Jahre	alle zwei Jahre	Darmkrebsfrüherkennung für Männer und Frauen: Stuhluntersuchung oder max. zwei Früherkennungs-Darmspiegelungen (Koloskopien);

Stand: 13.02.09

G-BA | Themenschwerpunkte

Früherkennung von Krankheiten bei Kindern

Der Umfang der Früherkennungsmaßnahmen bei Kindern ist in den Kinder-Richtlinien des G-BA festgelegt. Im „Untersuchungsheft für Kinder" (Anlage zu den Richtlinien) werden die Befunde dokumentiert. Das gelbe Heft wird den Eltern nach der Geburt von der Entbindungsstation oder durch die Hebamme übergeben.

Die nach den Richtlinien durchzuführenden ärztlichen Maßnahmen dienen der Früherkennung von Krankheiten, die eine normale körperliche oder geistige Entwicklung des Kindes gefährden. Die vorgesehenen Untersuchungen müssen innerhalb bestimmter Zeiträume wahrgenommen werden.

	Zeitraum	**Maßnahmen**
U1	Neugeborenen-Erstuntersuchung	Kontrolle von Hautfarbe, Atmung, Muskeltätigkeit, Herzschlag und Reflexen. Screening zur Früherkennung angeborener Stoffwechseldefekte und endokriner Störungen. Hörscreening zur Erkennung beidseitiger Hörstörungen ab einem Hörverlust von 35 dB.
U2	3. - 10. Lebenstag	Untersuchung von Organen, Sinnesorganen und Reflexen
U3	4. - 5. Lebenswoche	Prüfung der altersgemäßen Entwicklung der Reflexe, der Motorik, des Gewichts und der Reaktionen. Untersuchung der Organe und der Hüften. Abfrage des Trinkverhaltens.
U4	3. - 4. Lebensmonat	Untersuchung der Organe, Sinnesorgane, Geschlechtsorgane und der Haut, von Wachstum, Motorik und Nervensystem.
U5	6. - 7. Lebensmonat	Untersuchung der Organe, Sinnesorgane, Geschlechtsorgane und der Haut, von Wachstum, Motorik und Nervensystem.
U6	10. - 12. Lebensmonat	Kontrolle der geistigen Entwicklung, der Sinnesorgane und der Bewegungsfähigkeit.
U7	21. - 24. Lebensmonat	Test der sprachlichen Entwicklung, Feinmotorik und Körperbeherrschung.
U7a	34. - 36. Lebensmonat	Frühzeitige Erkennung von Sehstörungen und sonstigen Auffälligkeiten
U8	46. - 48. Lebensmonat	Intensive Prüfung der Entwicklung von Sprache, Aussprache und Verhalten, um eventuelle Krankheiten und Fehlentwicklungen im Vorschulalter gezielt behandeln zu können.
U9	60. - 64. Lebensmonat	Prüfung der Motorik und Sprachentwicklung, um eventuelle Krankheiten und Fehlentwicklungen vor dem Schuleintritt zu erkennen und zu heilen.
	0 - 6 Jahre	Früherkennungsuntersuchungen auf Zahn, Mund und Kieferkrankheiten: drei Untersuchungen; die erste davon findet grundsätzlich im dritten Lebensjahr statt.
	6 - 18 Jahre	Maßnahmen zur Verhütung von Zahnerkrankungen: Ab dem 12. Lebensjahr werden die jährlichen Untersuchungen in ein Bonusheft eingetragen. Diese Eintragungen dienen später als Nachweis für den Anspruch auf erhöhte Zuschüsse zum Zahnersatz.

Kinder-Richtlinien
Richtlinien über die Früherkennungsuntersuchungen auf Zahn, Mund und Kieferkrankheiten
Richtlinien über Maßnahmen zur Verhütung von Zahnerkrankungen

Stand: 13.02.09

Lernübergreifende Themen

Das Hormonsystem

Hormone	Körpereigene Wirkstoffe, die maßgeblich an der Steuerung der Körperfunktionen beteiligt sind..	Beeinflussen: ▪ Wachstum u. Entwicklung ▪ Stoffwechsel ▪ Sexualfunktion ▪ Psyche
Endokrine Drüsen	Geben Hormon direkt an das Blut ab.	**Endokrinologie** = Lehre von den Hormonen u. den hormonbedingten Krankheiten.
Hypothalamus	Teil des Zwischenhirns. Oberste Instanz des Hormonsystems.	**Neurosekretion:** ▪ Releasing Hormon (HVL) ▪ Inhibiting Hormon (HVL) Oxytocin u. Adiuretin (ADH) werden im HHL gespeichert.
	Oxytocin:	Steigert die Muskelkontraktionen der Gebärmutter . Setzt die Milchsekretion in Gang.
	Antidiuretisches Hormon:	Fördert die Wasserrückresorption in den Nierenkanälchen.
Hypophyse (Vorder- und Hinterlappen)	**Adenohypophyse =** **Neurohypophyse =**	Drüsenteil = HVL Gehirnteil = HHL
Der HVL produziert:	**Wachstumshormon STH** (Somatotropes Hormon)	▪ Steigert EW-Bildung ▪ Regt die Bildung der Erythrozyten an. ▪ Erhöht den BZ-Spiegel ▪ Fördert die Zellteilung in Haut, Knochen, Organe.
	Glandotrope Hormone:	
	ACTH = Adrenocorticotropes Hormon	Stimuliert die NNR.
	TSH = Thyreoidea-stimulierendes Hormon	Stimuliert die Schilddrüse.
	FSH = Follikelstimulierendes Hormon	Bewirkt zusammen mit LH Eireifung u. Eisprung u. fördert die Hormonproduktion des Follikels (Östrogene)

	LH = Luteinisierendes Hormon	Löst den Eisprung aus bewirkt die Bildung des Gelbkörpers (corpus luteum).
		FSH u. LH nennt man auch **Gonadotrope Hormone**
	LTH = Luteotropes Hormon = Prolaktin	Fördert die Milchsekretion, hemmt die Sexualhormone.
Die Schilddrüse: **Glandula thyreoidea**	**T3 = Trijodthyronin** (Haupthormon) **T4 = Tetrajodthyronin**	Werden in den Follikeln gebildet
	Wirkung: Jodbedarf 200 Mikrogramm/Tag	Sie wirken steigernd auf: ▪ Energieumsatz u. Stoffwechsel ▪ O_2-Verbrauch ▪ Wärmeproduktion ▪ EW-Bildung ▪ Fettabbau ▪ Herzfrequenz
	Zwischen den Follikeln liegen die **C-Zellen.** Diese produzieren das **Calcitonin:** **Senkt den Blut-Ca-Spiegel.**	▪ Fördert Einbau von Ca in den Knochen. ▪ Erhöht die Ca-Ausscheidung in den Nieren. ▪ Hemmt die Ca-Aufnahme aus dem Darm
Nebenschilddrüsen (4 Epithelkörperchen)	**Parathormon:** **Erhöht den Blut-Ca-Spiegel.**	▪ Freisetzung von Ca aus dem Knochen ▪ Verminderung der Calciumausscheidung ▪ Steigerung der Ca- Aufnahme im Darm
	Regulation:	Hypocalcämie steigert, Hypercalcämie hemmt die PTH-Sekretion.
Vitamin D (fettlöslich)	Steigert Ca-Aufnahme im Darm. Fördert das Knochenwachstum.	**Vit. D-Mangel** führt zu Rachitis!
Nebennieren.	Nebennierenmark:	Catecholamine: **Adrenalin/Noradrenalin**
	Nebennierenrinde:	**Corticoide:** ▪ Glucocorticoide (Cortisol/Cortison)

		▪ Mineralocorticoide (Aldosteron) ▪ Sexualhormone(Androgene/Östrogene).
Wirkung von Adrenalin:	Steigerung von: Ausschüttung durch:	▪ RR u. Puls ▪ HMV u. AMV ▪ BZ ▪ Energieumsatz u. O_2-Verbrauch ▪ Aufmerksamkeit, Angst ▪ Fett u. Muskelglykogenabbau ▪ Jede Belastung des Körpers z.B. Muskeltätigkeit, körperlicher oder seelischer Streß, Sauerstoffmangel.
	Hemmung von:	▪ Verdauungstätigkeit
	Erweiterung der	▪ Pupillen
	Steigerung der:	▪ Herzfrequenz
Wirkung der Glucocorticoide:	Beeinflussen den Eiweißstoffwechsel <u>Sie fördern:</u> <u>Sie hemmen:</u>	 ▪ Aufbau von KH aus AS in der Leber (BZ steigt) ▪ EW-Abbau in der Muskulatur. ▪ Entzündungsreaktionen ▪ Tätigkeit der Lymphozyten (Abwehrmechanismen)
<u>Das Inselorgan</u>	Langerhans Inseln des Pankreas (endokriner Teil)	A- Zellen: **Glukagon** B- Zellen: **Insulin**
	Wirkung des Insulin:	Transport von Zucker aus der Blutbahn in die Körperzelle. Aufbau von Glykogen in der Leber.
	Wirkung des Glukagon:	Erhöht den BZ-Spiegel durch Abbau des Leberglykogens.

Erkrankungen des Schilddrüse

Struma	Kropf = Schilddrüsenvergrößerung Formen: 1. Struma diffusa 2. Struma nodosa	Ursache: meist Jodmangel Meist verbunden mit normalen Hormonspiegel = **euthyreote Struma** Gleichmäßige Vergrößerung des gesamten Organs Knotenstruma
Hyperthyreose	Schilddrüsenüberfunktion Ursache: Meist Schilddrüsenautonomie oder Morbus Basedow Diagnose: **Ultraschall** **Szintigraphie** **Labor:** ▪ TSH erniedrigt ▪ fT4 /fT3 erhöht	**Symptome:** ▪ Tachykardie ▪ Nervosität ▪ Schweißausbrüche, Wärmeintoleranz ▪ Diarrhoe ▪ Gewichtsverlust trotz Heißhunger ▪ Schlafstörungen
Hypothyreose	Schilddrüsenunterfunktion Ursache: nach Strumaoperation oder entzündlich bei Hashimoto-Thyreoititis **Labor:** TSH erhöht fT4/fT3 erniedrigt	**Symptome:** ▪ Bradykardie ▪ Obstipation ▪ Depressionen ▪ Trockene, blasse Haut ▪ Gewichtszunahme ▪ Kälteempfindlichkeit
Morbus Basedow	Autoimmunerkrankung **Labor:** Typischer AK-Nachweis	**Symptome:** ▪ Zeichen der Hyperthyreose ▪ Endokrine Ophthalmopathie (Exophthalmus = hervorstechende Augen)
Hashimoto-Thyreoititis	Chronische Entzündung, Autoimmunerkrankung	**Symptome:** Zeichen der Hypothyreose **Labor:** Typischer AK-Nachweis

Das Auge/Augenkrankheiten

1. Die 3 Schichten des Auges	Äußere Haut = Stützschicht	**Cornea, Sklera**
	Mittlere Haut = Gefäßhaut Aufgabe:	Aderhaut **(Choroidea)**, Ziliarkörper, Iris, Ernährung, Akkomodation, Regulierung der einfallenden Lichtmenge, Kammerwasserbildung
	Innere Haut = Nervöse Haut	Pigmentepithel, **Retina** (Sinneszellen!)
2. Die Räume des Auges	Vordere Augenkammer	Zwischen Cornea u. Linse. Schlemmscher Kanal!
	Hintere Augenkammer	Zwischen Iris u. Ziliarkörper Ziliardrüsen bilden Kammerwasser
	Der Glaskörperraum	Corpus vitreum
	Formerhaltung des Bulbus oculi :	▪ Lederhaut, ▪ Glaskörper, ▪ Augeninnendruck (15 – 22mmHg)
3. Die Linse/Akkomodation	Eigenschaften: Aufgabe:	Farblos, bikonvex, 10 dpt Bricht das Licht u. leidet es auf die Netzhaut.
	Fernakkomodation:	Abflachung der Linse durch die Erschlaffung des Ziliarmuskels u. Anspannung der Zonulafasern!
	Nahakkomodation:	Verdickung der Linse durch Kontraktion des Ziliarmuskels u. Erschlaffung der Zonulafasern!
4. Die Netzhaut/Adaptation	Retina /Pigmentepithel	Pigmentschicht dient der Abdichtung gegen Licht u. der Ernährung der Sinneszellen.
	3 Arten von Zellen:	**Sehzellen**: Stäbchen zur Wahrnehmung von Helligkeitsunterschieden (Schwarzweiß)

		Zapfen: Farbsehen **Nervenzellen:** 2 Neurone **Stützzellen.**
	Blinder Fleck	Papille = Austritt des N. optikus.
	Adaptation:	▪ Anpassung des Auges an verschiedene Helligkeit durch: ▪ Veränderung der Pupillenweite(Myosis. Mydriasis) ▪ Veränderung der Lichtempfindlichkeit der Retina (Konzentration der Sehpigmente. ▪ Übergang vom Zapfen- zum Stäbchensehen u. umgekehrt.
	Gelber Fleck = Makula lutea	Enthält Fovea centralis = Stelle des schärfsten Sehens!
5. Fehlsichtigkeiten	**Myopie**	**Bulbus zu lang!** Linsenbrechkraft relativ zu groß. Th.: Zerstreuungslinse (-dpt , bikonkav)
	Hyperopie	**Bulbus zu kurz,** Brechkraft der Linse rel. zu schwach! Th.: Sammellinse (+dpt, bikonvex)
	Astigmatismus	Stabsichtigkeit Th.: Zylindergläser.
	Alterssichtigkeit (Presbyopie)	**Elastizitätsverlust** der Linse im Alter. Fähigkeit zur Nahakkomodation läßt nach. Th.: Lesebrille (Sammellinse)
	Strabismus	Schielen
Katarakt	Grauer Star	Linsentrübung
Glaukom	Grüner Star	Erhöhter Augeninnendruck (> 22 mmHg) Gefahr der Netzhaut und Sehnervschädigung bis zur Erblindung
Ablatio retinae	Netzhautablösung	
Conjunctivitis	Bindehautentzündung	
Hordeolum	Gerstenkorn	Staphylokokkenentzündung der Schweiß- und Talgdrüsen der Lider

Das Ohr/Ohrenkrankheiten

Mittelohr	Paukenhöhle (cavum tympani) **Gehörknöchelchen:** **Ohrtrompete** = tuba audutiva oder Eustachische Röhre = Verbindungen zum Innenohr:	Hammer = **malleus** Amboß = **incus** Steigbügel = **stapes** Verbinden Trommelfell mit Innenohr (ovales Fenster) Aufgaben: ▪ Weiterleitung der Schallschwingungen zur Schnecke ▪ Verstärkung u. Dämpfung der Trommelfellschwingungen ▪ Verbindung zum Rachen. ▪ Druckausgleich! ▪ Ovales Fenster, von Steigbügelplatte verschlossen. ▪ Rundes Fenster von Membran verschlossen.
Innenohr (Labyrinth)	Das knöcherne Labyrinth liegt in der Felsenbeinpyramide und enthält das häutige Labyrinth **Einteilung des knöchernen Labyrinths in:** **Einteilung des häutigen Labyrinths in:**	Darin Perilymphe Darin Endolymphe ▪ Schnecke (Cochlea) ▪ 3 Bogengänge ▪ Vorhof (Vestibulum) ▪ Schneckengang ▪ Utriculus ▪ Sacculus ▪ 3 Bogengänge
Gleichgewichtsorgan	**3 Bogengänge** Großes Vorhofsäckchen Kleines Vorhofsäckchen	Das Sinnesepithel (besteht aus **Haarzellen** u. Stützzellen.) befindet sich in den Vorhofsäckchen und den Bogengangsampullen. Härchen in Gallertmasse eingebettet, bei Bewegung Nervenerregung.
Hörorgan	**Cochlea** mit 2,5 Windungen. Häutiger Schneckengang enthält das **Cortische Organ:**	Vorhoftreppe u. Paukentreppe mit Perilymphe. ▪ Basalmembran ▪ Stützzellen ▪ Sinneszellen ▪ Deckplatte

Der Hörvorgang:	Weg des Schalls: Trommelfell – Stapesplatte- ovales Fenster – Vorhoftreppe/ Paukentreppe – **Wanderwelle:** Miterregung der häutigen Schnecke/ Basalmembran/Deckplatte – Erregung verschiedener Haarzellen bei verschiedenen Frequenzen. **Wahrnehmbare Tonfrequenzen: 16 Hz bis 20000 Hz!!**	
Ohrenkrankheiten:		
Otitis media	Mittelohrentzündung	
Cerumen obturans:	Verstopfter Gehörgang durch Ohrenschmalz (Cerumen)	
Epistaxis	Nasenbluten	
Morbus Meniere	Anfallsartiger Drehschwindel mit Schwerhörigkeit und Tinnitus, Erbrechen	
Schwerhörigkeit	1. **Schallleitungsschwerhörigkeit:**	▪ **Störung im Gehörgang**: Cerumen obturans, Otitis externa ▪ **Störung im Mittelohr**: Otitis media, Tubenkatarrh, Otosklerose
	2. **Schallempfindungsschwerhörigkeit:**	▪ **Innenohrstörung:** Lärmtrauma, Hörsturz, ▪ **Hörnervenstörung** ▪ **Zerebrale Störung**
Tinnitus	Ohrgeräusche:	Sausen, Brummen, Zischen, Knacken, Pfeifen

ISBN: 978-3-86386-351-7